装配式建筑系列工程案例丛书

装配式钢结构技术体系和工程案例汇编

文林峰　主编

住房和城乡建设部科技与产业化发展中心
（住房和城乡建设部住宅产业化促进中心）　编著

中国建筑工业出版社

图书在版编目（CIP）数据

装配式钢结构技术体系和工程案例汇编/文林峰主编；住房和城乡建设部科技与产业化发展中心（住房和城乡建设部住宅产业化促进中心）编著. —北京：中国建筑工业出版社，2019.10
（装配式建筑系列工程案例丛书）
ISBN 978-7-112-24150-7

Ⅰ.①装…　Ⅱ.①文…②住…　Ⅲ.①装配式混凝土结构-案例-汇编　Ⅳ.①TU37

中国版本图书馆 CIP 数据核字（2019）第 182435 号

责任编辑：周方圆　封　毅
责任校对：张　颖

装配式建筑系列工程案例丛书
装配式钢结构技术体系和工程案例汇编

文林峰　主编
住房和城乡建设部科技与产业化发展中心
（住房和城乡建设部住宅产业化促进中心）　编著

*

中国建筑工业出版社出版、发行（北京海淀三里河路9号）
各地新华书店、建筑书店经销
霸州市顺浩图文科技发展有限公司制版
北京缤索印刷有限公司印刷

*

开本：787×1092毫米　1/16　印张：17¾　字数：437千字
2019年11月第一版　2019年11月第一次印刷
定价：**160.00**元
ISBN 978-7-112-24150-7
（34644）

本书编委会

编　　　著：住房和城乡建设部科技与产业化发展中心

　　　　　　（住房和城乡建设部住宅产业化促进中心）

主　　　编：文林峰

副　主　编：武　振　冯仕章　王　喆　张守峰

主要编写人员：（按章节编写人员顺序排序）

　　　　　　许　航　樊则森　阮海燕　齐卫忠　郭　庆

　　　　　　郑培壮　刘俊杰　张　军　王　力　张　鸣

　　　　　　侯兆新

　　　　　　王晓舟　杜阳阳　韩　叙　袁冬艳　王楠迪

　　　　　　张鹏飞　王定河

点　评　专　家：（按章节点评专家顺序排序）

　　　　　　王立军　胡天兵　侯兆新　张守峰　王　喆

　　　　　　陈志华　孙　伟　王明贵　陈　宏

前　言

近年来，我国积极探索发展不同结构形式的装配式建筑，装配式建筑代表新一轮建筑业的科技革命和产业变革方向，既是建造方式的重大变革，也是推进供给侧结构性改革和新型城镇化发展的重要举措。

2016 年 2 月，国家发展改革委、住房城乡建设部公布了《城市适应气候变化行动方案》（发改气候〔2016〕245 号），要求"推广钢结构、预制装配式混凝土结构及混合结构，在地震多发地区积极发展钢结构和木结构建筑。鼓励大型公共建筑采用钢结构，大跨度工业厂房全面采用钢结构"。2016 年 9 月国务院办公厅印发了《关于大力发展装配式建筑的指导意见》（国办发〔2016〕71 号），明确了指导思想、基本原则、发展目标、重点任务和保障措施。同时，住房城乡建设部将推广装配式建筑作为落实中央城市工作会议精神的重大举措，积极主持编制了《装配式钢结构建筑技术标准》GB/T 51232 等三部技术标准。2018 年 12 月，全国住房和城乡建设工作会议上提出将大力发展钢结构等装配式建筑作为 2019 年的重点工作任务之一。在国家政策的积极推动下，多个省市出台了推进装配式钢结构建筑发展的政策文件。这一系列的政策措施，有力推进了我国装配式钢结构建筑行业的发展。

然而，现阶段我国装配式钢结构建筑的发展仍处于完善技术体系，研发关键技术和材料，实践探索并总结完善的阶段。各地在推进装配式钢结构建筑发展过程中，普遍反映对装配式钢结构建筑技术体系和相关标准把握不够准确，理解不够深入，特别是缺乏一些可参考的工程案例。在此背景下，住房和城乡建设部科技与产业化发展中心（住房和城乡建设部住宅产业化促进中心）在总结装配式建筑技术体系研究成果的基础上，组织行业权威专家和龙头企业编写了这本《装配式钢结构技术体系和工程案例汇编》。

本书在系统梳理装配式钢结构技术体系的基础上，在全国范围内分类选择了 11 个具有代表性的装配式钢结构建筑工程案例。这些案例涵盖了南北方不同气候区域、不同地震设防烈度地区、不同建筑类型和结构体系，重点从装配式建筑技术应用、构件生产和安装技术应用、效益分析等方面介绍了案例工程的特点和实施情况。同时还邀请业内专家系统总结了各类装配式钢结构建筑技术要点，并对入选的工程案例逐个进行专家点评，提出可资借鉴的经验和适用范围，指出需要进一步完善的主要问题，为各地选用不同类型的技术体系、加快推进装配式建筑发展提供参考和借鉴。

但由于时间紧迫，难免存在疏漏之处，欢迎大家提出宝贵的意见和建议，以便在今后的系列案例汇编工作中不断补充完善。最后，向参加本书撰写及对本书出版做出贡献的各级建设主管部门领导、专家学者、企业家、一线技术人员表示诚挚的感谢，也衷心希望本书的出版能够为装配式建筑的发展做出相应的贡献。

编委会

2019 年 8 月 30 日

目　　录

第一章 装配式钢结构建筑技术体系简介

1 装配式钢结构建筑

装配式建筑是由预制部品部件在工地装配而成的建筑（《装配式建筑评价标准》GB/T 51129—2017）。而《装配式钢结构建筑技术标准》GB/T 51232—2016 指出"装配式钢结构建筑是指建筑的结构系统由钢部（构）件构成的装配式建筑"。从适用范围看，装配式钢结构建筑适用于低层、多层和高层的居住建筑，超高层建筑以及部分工业建筑。但要正确理解装配式钢结构建筑的内涵，就要弄清下面几个问题。

1) 钢结构建筑不等于装配式钢结构建筑

无论钢结构的节点采用焊接连接或者螺栓连接，主流观点都认为钢结构本身就是装配的。但根据已经施行的国家标准《装配式钢结构建筑技术标准》GB/T 51212—2016 和《装配式建筑评价标准》GB/T 51129—2017，装配式钢结构建筑的组成应包括：结构系统、外围护系统、设备管线系统和内装系统。单纯的某个系统装配——例如只有结构系统装配——不能称作装配式建筑。这样强调，是为了扭转目前在装配式钢结构建筑领域部分存在的"重结构、轻建筑、无内装"的错误做法（图 1.1）。

图 1.1 转变思路与做法

2) 装配式钢结构建筑的设计实施过程

传统现浇建筑无论是在设计阶段的建筑专业、结构专业、设备专业等，还是在策划、设计、生产加工、施工等建造实施环节，相互之间的交叉、协调相对简单，工艺（工法）也很明确。而装配式建筑的建造是基于部品部件进行系统集成，进而实现建筑功能并满足用户需求的过程，因此在系统集成的过程中，各系统之间的交叉和相互影响更加复杂。所以需要装配式建筑的设计人员从根本上转变思维、理念，必须站在建筑系统集成的层面上去思考问题。

总体而言，装配式建筑的集成设计，要做到以建筑功能为核心，以结构布置为基础，以工业化的围护、内装和设备管线部品为支撑，综合考虑建筑户型、外立面、结构体系、围护、设备管线、构件防护、内装等各方面的协同与集成。

2 装配式钢结构建筑的特点和发展意义

2.1 装配式钢结构建筑的特点

装配式钢结构建筑的承重构件主要采用钢材制作,具有节能低碳环保、抗震性好、加工精度高和安装速度快等特点。

1) 节约成本、缩短工期

目前现浇混凝土建筑的建设成本中人工费占总造价的 15%～20%,材料费占总造价 45%～65%。投资建设成本不断升高的主要原因包括劳动力价格持续升高,传统建造方式工业化水平不高、建造效率低下,建筑材料和设备浪费大、损耗高等。发展装配式钢结构建筑则可以将现场用工数量减少至 70%,并大幅度降低建筑材料、模板、设备用量和损耗,并且装配式钢结构建筑的建造效率也远高于现场作业,施工不易受天气等因素的影响,因此,建设工期可有效缩短 25%,工期更为可控。

2) 节约资源、降低能耗

装配式钢结构建筑与目前广泛采用现浇方式的建筑相比,在节约资源、降低建筑能耗方面有着无可比拟的优势。其主要构件和外围护材料均在工厂制成,现场组装,相对于传统建筑可以减少建筑垃圾排放量的 80%,在建筑施工节水、节电、节材、节地等方面优势明显。在拆除后,主体结构 90% 以上可以重复再利用或加工后再利用,对环境产生的负担小。

3) 抗震性好

钢结构构件的延性好,与混凝土建筑相比,地震作用下不易发生脆性破坏。同时由于大量采用轻质围护材料,在建筑面积相同时,钢结构建筑的自重远小于钢筋混凝土剪力墙建筑,地震反应小。

4) 建筑空间灵活、使用面积增大

装配式钢结构建筑采用框架结构体系,钢梁的经济跨度在 5～8m,中间不需要柱的支撑,容易形成大空间。在现代住宅设计中,对使用空间的功能可变性要求越来越高,而钢结构的特点使得空间灵活布置更容易实现。并且钢构件的截面尺寸远小于混凝土构件,可增大使用面积。

2.2 发展装配式钢结构建筑的意义

发展装配式钢结构建筑,有利于推动行业绿色和可持续发展,提升建筑性能,带动建筑产业的技术进步。

1) 有利于推动住房城乡建设领域的绿色发展

当前,我国建筑业粗放的发展方式并未根本改变,表现为资源能源消耗高、建筑垃圾排放量大、扬尘和噪声环境污染严重等。装配式钢结构建筑可实现材料的循环再利用,减少建筑垃圾排放,能够降低噪声和扬尘污染,保护周边环境,有效降低建筑能耗,推进住房城乡建设领域绿色发展。

2) 有利于化解钢材产能,实现建材资源的可持续发展目前我国人均水泥用量是世界人均水平的 4 倍多，每年消耗优质石灰石资源 20 多亿吨。河沙的大量使用，严重破坏了环境。与此同时，我国是钢材生产大国，粗钢产量连续多年蝉联世界第一，而我国钢结构建筑占新建建筑比例在 5％左右，远低于国外发达国家 20％～50％的比例，有很大的发展空间。发展装配式钢结构建筑有利于降低对水泥、砂石等资源的消耗，实现建材资源的可持续发展。

3）有利于提升建筑性能，改善人居环境

装配式钢结构建筑抗震性能好、构件截面小，配合优质外围护系统，有利于提升居住的舒适性，改善人居环境。装配式钢结构建筑构件重量轻、施工速度快，同样适合在旅游风景区、农村及城镇等地区推广使用。

4）有利于推动建筑产业的技术进步

与混凝土建筑相比，装配式钢结构建筑对外围护系统和内装系统提出了更高的要求，与传统的生产和建造方式相比，需要采用更多的优质材料和集成部品。装配式钢结构建筑的不断发展，将会拉动上下游产业的技术提升和进步。

3　装配式钢结构发展过程中存在的问题及对策

近些年来，我国装配式钢结构建筑发展迅速，但仍存在不少问题和挑战，采取有效对策解决这些问题，对推动我国装配式钢结构建筑发展意义重大。

3.1　使用习惯方面

长期以来，我国民用建筑特别是在住宅建筑中大量采用砖混或钢筋混凝土建筑，而钢结构建筑用于公共建筑和工业建筑较多，住宅建筑很少，这使得人们对钢结构住宅建筑缺乏了解，认为其存在造价高、露梁柱、难维护等一系列问题。要转变人们思想观念上的问题，不仅可以在建筑成本控制、配套部品采用、精细化的设计及新型结构体系研发等方面采取措施，还可以通过开展示范工程展示、专业知识宣传等，来消除人们的思想顾虑。

3.2　研究与技术方面

我国装配式钢结构建筑的研究与建造起步相对较晚，一度缺乏完整的装配式钢结构建筑技术体系，缺少相关专业技术人员和完整建筑的设计、生产及施工能力，缺少对装配式钢结构建筑的围护、内装和管线系统的重视，在集成配套上出现较多问题。针对以上问题，应鼓励国内大量的科研院所和企业积极参与装配式钢结构建筑的系统研究，并引导企业积极探索和实践装配式钢结构建筑项目。

3.3　部品配套方面

装配式钢结构建筑是钢结构系统、外围护、内装和设备管线系统的集成，而外围护、内装等相关配套部品在一定程度上决定了装配式钢结构建筑的性能。部品部件性能上的不匹配，造成了墙体开裂、渗水、隔声差等问题，影响了装配式钢结构建筑的推广。针对上述问题，应鼓励相关单位加大对配套部品的研发和实践应用。

4 装配式钢结构建筑的结构系统

装配式钢结构建筑应根据房屋高度和高宽比、抗震设防类别、抗震设防烈度、场地类别和施工技术条件等因素考虑其适宜的钢结构体系。除此之外，建筑类型也对结构体系的选型至关重要。钢框架结构、钢框架—支撑结构、钢框架—延性墙结构适用于多高层钢结构住宅及公共建筑；简体结构、巨型结构适用于高层或超高层建筑；交错桁架结构适合带有中间走廊的宿舍、酒店或公寓；门式刚架结构适用于单层超市及生产或存储非强腐蚀介质的厂房或库房；低层冷弯薄壁型钢结构适用于以冷弯薄壁型钢为主要承重构件，层数不大于3层的低层房屋。

4.1 钢框架结构

钢框架结构主要应用于办公建筑、居住建筑、教学楼、医院、商场、停车场等需要开敞大空间和相对灵活的室内布局的多高层建筑（图1.2）。钢框架结构体系可分为半刚接框架和全刚接框架，可以采用较大的柱距并获得较大的使用空间，但由于抗侧力刚度较小，因此使用高度受到一定限制。钢框架结构的最大适用高度根据当地抗震设防烈度确定：7度（0.10g）可达到110m；8度（0.20g）可达到90m。

图1.2　钢框架结构

钢框架结构主要承受竖向荷载和水平荷载，竖向荷载包括结构自重及楼（屋）面活荷载，水平荷载主要为风荷载和地震作用。对于多高层钢框架结构，水平荷载作用下的内力和位移将成为控制因素。其侧移由两部分组成：第一部分侧移由柱和梁的弯曲变形产生，柱和梁都有反弯点，形成侧向变形，框架下部的梁、柱内力大，层间变形也大，越到上部层间变形越小；另一部分侧移由柱的轴向变形产生，这种侧移在建筑上部较显著，越到底部层间变形越小。

4.1.1 技术特点

（1）抗震性能良好：由于钢材延性好，既能削弱地震反应，又使得钢结构具有抵抗强烈地震的变形能力；

（2）自重轻：可以显著减轻结构传至基础的竖向荷载和地震作用；

（3）充分利用建筑空间：由于柱截面较小，可增加建筑使用面积2%～4%；

（4）施工周期短，建造速度快；

（5）形成较大空间，平面布置灵活，结构各部分刚度较均匀，构造简单，易于施工；

（6）侧向刚度小，在水平荷载作用下二阶效应不可忽视；由于地震时侧向位移较大，可能引起非结构性构件的破坏。

4.1.2 设计方法

装配式钢框架结构设计应符合现行国家标准《装配式钢结构建筑技术标准》GB/T 51232、《钢结构设计标准》GB 50017、《建筑抗震设计规范》GB 50011 的规定。高层建筑尚应符合现行行业标准《高层民用建筑钢结构技术规程》JGJ 99 的规定。作为钢结构的一种类型，装配式钢框架结构还应符合相关规定。针对体系的特点，结构设计中还应注意以下设计要点：

（1）钢框架梁的整体稳定性由刚性隔板或侧向支撑体系来保证，当有钢筋混凝土楼板在梁的受压翼缘上并与其牢固连接，能阻止受压翼缘的侧向位移时，梁不会丧失整体稳定。框架梁在预估的罕遇地震作用下，在可能出现塑性铰的截面（为梁端和集中力作用处）附近均应设置侧向支撑（隔撑），由于地震作用方向变化，塑性铰弯矩的方向也变化，故要求梁的上下翼缘均应设支撑。如梁上翼缘整体稳定性有保证，可仅在下翼缘设支撑。

（2）框架柱设计应满足强柱弱梁原则，确保地震作用下塑性铰出现在梁端，用以提高结构的变形能力，防止在强烈地震作用下倒塌。设计时应注意首先确定不需验算强柱弱梁的 4 个条件是否满足。

（3）钢框架梁形成塑性铰后需要实现较大转动，其板件宽厚比应随截面塑性变形发展的程度而满足不同要求，还要考虑轴压力的影响。钢框架柱一般不会出现塑性铰，但是考虑材料性能变异，截面尺寸偏差以及一般未计及的竖向地震作用等因素，柱在某些情况下也可能出现塑性铰。因此，柱的板件宽厚比也应考虑按塑性发展来加以限制。

（4）梁柱的连接推荐采用图 1.3 的形式。

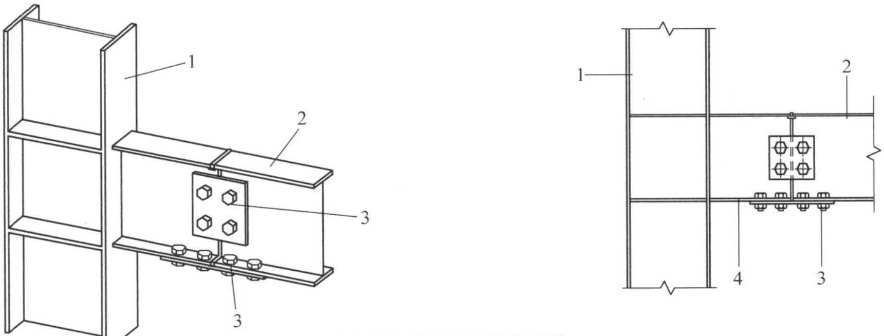

(a) 带悬臂梁端的栓焊连接

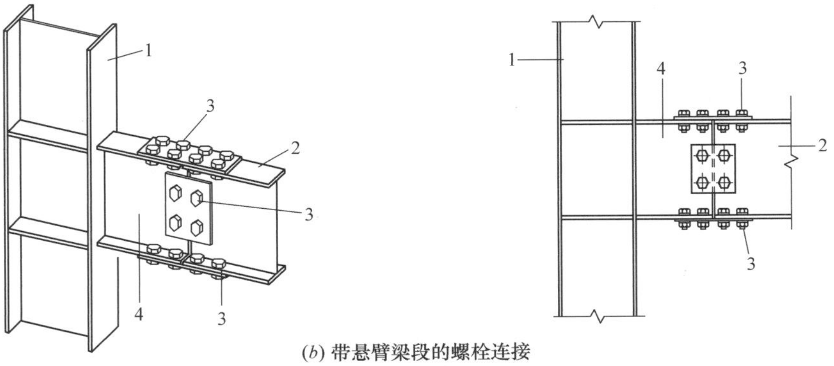

(b) 带悬臂梁段的螺栓连接

图 1.3　梁柱连接节点（一）

1—柱；2—梁；3—高强度螺栓；4—悬臂段

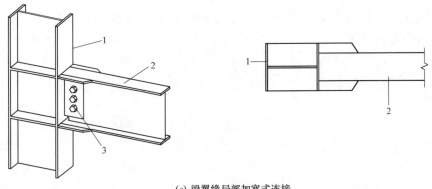

(c) 梁翼缘局部加宽式连接

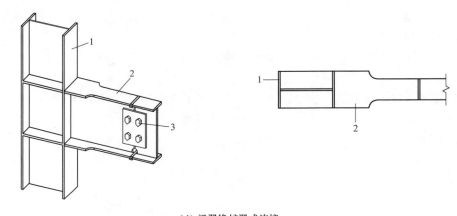

(d) 梁翼缘扩翼式连接

图 1.3　梁柱连接节点（二）

1—柱；2—梁；3—高强度螺栓；4—悬臂段

4.2　钢框架—支撑结构

对于高层建筑，由于风荷载和地震作用较大，使得梁柱等构件尺寸也相应增大，失去了经济合理性，此时可在部分框架柱之间设置支撑，构成钢框架—支撑体系（图 1.4）。钢框架—支撑体系的最大适用高度根据当地抗震设防烈度确定，7 度（0.10g）可达到 220m，8 度（0.20g）可达到 180m。钢框架—支撑结构在水平荷载作用下，通过楼板的变形协调，由框架和支撑形成双重抗侧力结构体系，可分为中心支撑框架、偏心支撑框架和屈曲约束支撑框架。

4.2.1　技术特点

（1）中心支撑框架具有较大的刚度，构造相对简单，可减小结构水平位移，改善内力分布。但在地震荷载作用下，中心支撑易产生屈曲和屈服，使其承载力和抗侧刚度大幅下降，影响结构整体性，主要用于低烈度地区。

（2）偏心支撑框架利用耗能梁段的塑性变形吸收地震力，使支撑保持弹性工作状态。

较好地解决了中心支撑的耗能能力不足的问题，兼具中心支撑的良好强度和刚度以及比纯钢框架结构耗能大的优点。

（3）屈曲约束支撑结构在支撑外部设置套管，支撑仅芯板与其他构件连接，所受的荷载全部由芯板承担，外套筒和填充材料仅约束芯板受压屈曲，使芯板在受拉和受压下均能进入屈服。因此屈曲约束支撑的滞回性能优良，承载力与刚度分离，可以保护主体结构。

4.2.2　设计方法

钢框架—支撑结构设计方法与钢框架结构类似，同时针对钢框架—支撑结构的特点，结构设计中还应注意以下设计要点：

（1）装配式钢框架—支撑结构的中心支撑布置宜采用十字交叉斜杆、单斜杆、人字形斜杆或 V 形斜杆体系（图 1.5），但不应采用 K 形斜杆体系，因为 K 形支撑在地震作用下，可能因斜杆屈曲或屈服引起较大侧向变形，使柱发生屈曲甚至造成倒塌。偏心

图 1.4　钢框架—支撑结构

支撑至少应有一端交在梁上，使梁上形成消能梁段，在地震作用下通过消能梁段的非弹性变形耗能，而偏心支撑不屈曲（图 1.6）。

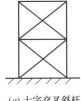 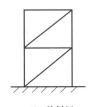 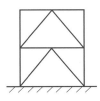 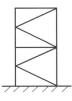

　　(a) 十字交叉斜杆　　　　　　*(b)* 单斜杆　　　　　　*(c)* 人字形斜杆　　　　　　*(d)* K形斜杆

图 1.5　中心支撑类型

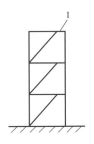 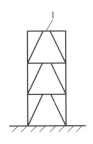 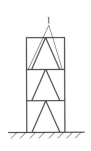

图 1.6　偏心支撑框架立面图

1—消能梁段

7

（2）应严格控制支撑杆件的宽厚比，用以抵抗在罕遇地震作用下，支撑杆件经受的弹塑性拉压变形，防止过早地在塑性状态下发生板件的局部屈曲，引起低周疲劳破坏。

（3）偏心支撑框架设计同样需要考虑强柱弱梁的原则。应将柱的设计内力适当提高，使塑性铰出现在梁而不是柱中。也应该将有消能梁段的框架梁的设计弯矩适当提高，使塑性铰出现在消能梁段而不是同一跨的框架梁。

4.3 钢框架—延性墙板结构

钢框架—延性墙板结构具有良好的延性，适合用于抗震要求较高的高层建筑中。延性墙板是一个笼统概念，包括多种形式，归纳起来主要有钢板剪力墙结构、内填 RC 剪力墙结构等（图 1.7、图 1.8）。

图 1.7　钢板剪力墙

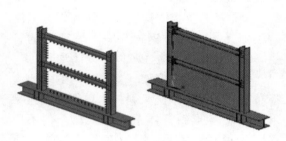

图 1.8　内填 RC 墙

4.3.1 技术特点

1）钢板剪力墙结构

钢板剪力墙与钢支撑类似，都是抗侧力构件。其中钢板剪力墙包括非加劲钢板剪力墙、加劲钢板剪力墙、开缝钢板墙、屈曲约束钢板墙以及组合钢板墙等（图 1.9～1.12）。对于钢结构住宅来说，常用非加劲钢板墙和开缝钢板墙，前者是因为占用空间小，不影响住户面积，后者是因为布置灵活，可利用门、窗洞间的墙来布置。另外，与钢支撑比起来，钢板墙的刚度更大，容易满足舒适度、抗侧刚度等方面的要求。

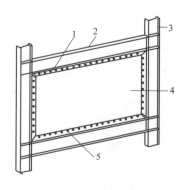

图 1.9　非加劲肋钢板剪力墙

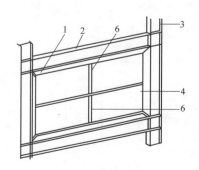

图 1.10　加劲肋钢板剪力墙

1—连接件；2—框架梁；3—框架柱；4—钢板剪力墙；

5—连接螺栓；6—加劲肋

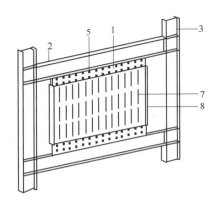

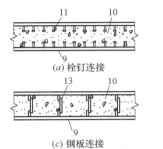

(a) 栓钉连接

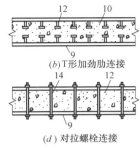

(b) T形加劲肋连接

(c) 钢板连接

(d) 对拉螺栓连接

图 1.11　开缝钢板剪力墙　　　　　　　　图 1.12　组合钢板剪力墙

1—连接件；2—框架梁；3—框架柱；5—连接螺栓；7—竖缝；8—开缝钢板墙；9—钢板；
10—内填混凝土；11—栓钉；12—T型加劲肋；13—缀板；14—对拉螺栓

2）钢框架内填混凝土墙板结构

内填混凝土墙板钢框架结构体系是利用楼梯间、电梯井或建筑隔墙在部分框架中内填混凝土墙板的一种结构体系。钢框架与内填混凝土墙板之间采用剪力件连接，形成组合作用。钢框架的全部梁柱节点可采用半刚接，避开了采用抗弯框架时对刚性节点转动能力的要求。这种结构体系中的内填混凝土墙板既起到了抗侧力构件的作用，还能够起到外围护结构或内隔墙结构的作用，非常适用于钢结构住宅。结构体系具有下述优点：梁柱可作为浇灌内填混凝土墙板的模板和支承，施工方便；在设计荷载水平方面，内填混凝土墙板可承担几乎全部水平力，结构侧向刚度大，有利于抵抗风载和水平地震作用；钢框架只负担全部竖向荷载和倾覆弯矩的大部分，柱子主要受轴力，可降低用钢量；由于钢板剪力墙稳定不容易满足，设计中不得不采用厚板或加劲钢板墙方案，经济效果差，内填 RC 墙可有效减少用钢量，降低造价；极限状态时内填混凝土墙板局部破坏，抵抗水平力的能力减弱，结构侧向变形发展，使梁柱的连接发挥抵抗水平力的作用，结构仍有抗震的第二道防线；地震后，内填混凝土墙板的破坏容易修复。

4.3.2　设计方法

1）钢板剪力墙结构设计方法

目前，钢板剪力墙结构的设计方法可参考现行行业标准《高层民用建筑钢结构技术规程》JGJ 99 和《钢板剪力墙技术规程》JGJ/T 380。在装配式钢结构住宅中，因为建筑功能和施工需要，往往采用非加劲的纯钢板剪力墙结构体系，对于非加劲钢板剪力墙的整体计算方法，《钢板剪力墙技术规程》JGJ/T 380 给出了相应的设计方法，对于四边连接非加劲钢板剪力墙，可简化为混合杆系模型，采用一系列倾斜、正交杆代替非加劲钢板剪力墙，杆件分为只拉杆和拉压杆。而两边连接非加劲钢板剪力墙则可简化为交叉杆模型，模型中杆件为拉压杆，通过刚度等代的方法换算出拉压杆的截面尺寸，进行整体计算。

2）钢框架—内填混凝土墙板结构计算方法

钢框架—内填混凝土墙板结构属于较新颖的一种结构体系，国内目前尚无实际工程案例。针对该种体系，国内相关的一些科研单位已经做了大量的理论分析和试验研究，形成了较完善的设计方法，行业标准《钢框架内填墙板结构技术规程》已经报批，预计很快将正式发布。

4.4 交错桁架结构

交错桁架结构体系也称错列桁架结构体系，主要适用于中、高层住宅、宾馆、公寓、办公楼、医院、学校等平面为矩形或由矩形组成的钢结构房屋，并将空间结构与高层结构有机地结合起来，能够在高层结构中获得达到300～400m² 方形的无柱空间（图1.13）。

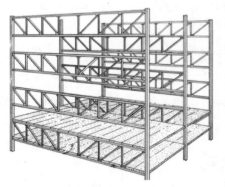

图1.13 交错桁架结构

4.4.1 技术特点

（1）为建筑提供大开间。采用交错桁架结构的高层建筑能够获得达到300～400m² 方形的无柱空间（图1.14）。

（2）装配化程度高。首先，交错桁架体系的柱较少，因此节点较少；其次桁架的上下弦是以受轴力为主的，因此上下弦与钢柱的连接可以作为铰接，减少了焊接量；另外，桁架高度一般为3m左右（即建筑层高），因此可以在工厂制作然后进行整榀运输，现场拼装（图1.15）。

图1.14 交错桁架结构大开间

图1.15 交错桁架吊装

（3）用钢量省。在10～20层中高层的建筑中，交错桁架结构与传统框架—支撑结构相比，主体结构的用钢量大约减少5%～10%。

（4）侧向刚度大

奇偶榀的叠加作用，使得结构在水平荷载作用下形成一个近似实腹式的悬臂梁，抗侧刚度非常大（图1.16）。

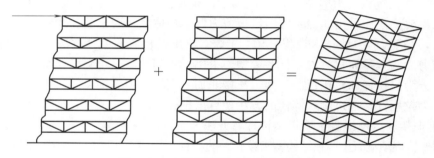

图1.16 交错桁架体系抗侧受力模型

4.4.2 设计方法

交错桁架结构设计主要遵循现行行业标准《交错桁架钢结构设计规程》JGJ/T 329 的有关规定。该规程对交错桁架结构的设计做了较全面的规定，总结起来主要需要注意以下几点：

（1）交错桁架钢结构内力与位移可按弹性方法计算，采用混合桁架的交错桁架结构横向内力与位移计算可不计入二阶效应；纵向内力与位移计算应按现行国家标准《钢结构设计标准》GB 50017 的规定计入二阶效应。

（2）交错桁架结构除应验算楼面及屋面板在重力荷载作用下的承载力、变形外，尚应验算其在桁架弦杆传来的横向水平力作用下的楼板平面内抗剪承载力及与桁架弦杆间的连接承载力。

4.5 低层冷弯薄壁型钢结构

由冷弯型钢为主要承重构件的结构。冷弯薄壁型钢由厚度为 1.5～5mm 的钢板或带钢，经冷加工（冷弯、冷压或冷拔）成型，同一截面部分的厚度都相同，截面各角顶处呈圆弧形。在公建和住宅中，可用薄壁型钢制作各种屋架、刚架、网架、檩条、墙梁、墙柱等结构和构件（图 1.17、图 1.18）。

图 1.17 冷弯薄壁型钢住宅　　　　　　　　图 1.18 冷弯薄壁型钢厂房

4.5.1 技术特点

低层冷弯薄壁型钢结构竖向荷载应由承重墙体的立柱承担，水平荷载或地震作用由抗剪墙体承担。结构设计可分别在建筑结构的两个主轴方向施加水平荷载的作用。每个方向的水平荷载由该方向抗剪墙体承担。可根据抗剪刚度大小按比例分配，并考虑窗洞口对墙体抗剪刚度的削弱作用。

该结构类型适用于层数不大于 3 层、檐口高度不大于 12m 的低层房屋建筑（住宅）。该类建筑的层数限制在 3 层及以下是基于我国建筑设计防火的相关规定以及冷弯薄壁型钢房屋建筑的构件燃烧性能和耐火极限确定的。

4.5.2 设计方法

国家标准《冷弯薄壁型钢结构技术规范》GB 50018 侧重于对各类构件的设计计算方法作了详细规定，行业标准《低层冷弯薄壁型钢房屋建筑技术规程》JGJ 227 侧重于对设计和施工进行系统规定。低层冷弯薄壁型钢房屋一般建筑高度不大、建筑宽度较小，水平位移较小，不需要进行整体稳定性计算。墙体立柱应按压弯构件验算其强度、稳定性和刚度；屋架构件应按屋面荷载的效应，验算其强度、稳定性及刚度；楼面梁应按承受楼面竖向荷载的受弯构件验算其强度和刚度。楼面梁宜采用冷弯卷边槽型型钢，跨度比较大时，也可采用冷弯薄壁型钢桁架。屋盖构件之间宜采用螺钉可靠连接。

4.6 其他新型结构体系

随着装配式钢结构建筑的发展，尤其是钢结构住宅项目的增多，出现了一批新型结构体系。大体可以分为两类：一种对原有钢结构体系进行优化、扩展，采用型钢组合构件或钢—混凝土组合构件，使钢结构构件适应钢结构住宅户型布置的要求，解决或部分解决室内梁柱外凸的问题；另一种是为了提升装配施工速度，解决现场焊接量大的问题，而产生的全螺栓连接结构。

4.6.1 技术特点

新型结构体系很多，本部分针对上述两类各举例说明。

组合钢板剪力墙结构是由周围钢板及内部混凝土组合而成的剪力墙结构（图 1.19）。它能像混凝土剪力墙结构一样，实现比较自由的户型设计，并且可以解决钢结构住宅中室内梁柱外凸的问题。构成组合钢板剪力墙的方式有两种：一种是由型钢（例如冷弯 C 型钢、热轧及高频焊接 H 型钢）拼接而成；另外一种是由两块钢板和中间拉结件组合而成。

图 1.19　组合钢板剪力墙结构

半刚接钢框架结构是以端板式半刚接框架（抗侧力不够时增加其他抗侧力构件）结构为主。半刚接的梁柱节点有很多优势：首先，半刚性连接由于是通过端板的弯曲塑性变形产生转动，因此极限层间位移角能够超过规范要求的 0.02rad 这一要求；并且，半刚性连接很容易达到"强柱弱梁"的要求；最重要的是，通过螺栓连接可以做到现场无焊接，减少人工成本，并大大增加了建设速度。为了安装方便，半刚接钢框架多采用 H 型柱。在较高的建筑中，为了提高钢柱的承载力，也可采用特殊手段实现箱型截面柱的梁柱半刚接连接（图 1.20）。

4.6.2 设计方法

对于现行规范没有规定的新型结构体系，可以根据现行国家标准《装配式钢结构建筑技术标准》GB/T 51232 的规定，以专项评审的方式进行施工图审查。

对于型钢拼接而成的组合钢板剪力墙，如果不考虑剪力墙中间肋的承载力，可以参照《钢板剪力墙技术规程》JGJ/T 380，但如果要考虑中间肋的承载力，需要进行相关评审。

当采用 H 型柱时，半刚接节点的刚度及

图 1.20　半刚接钢框架结构的变形能力

承载力可以根据《端板式半刚性连接钢结构技术规程》CECS 260 的规定进行设计。若采用箱形截面柱，设计半刚接节点时可进专项评审，CECS 标准《方钢管柱端板式半刚性连接钢结构设计规程》（在编）可以作为参考进行设计。

4.7　楼板与楼梯

装配式钢结构建筑的楼板一般采用装配化程度较高的钢筋桁架楼组合楼板、预制混凝土叠合楼板及预制预应力混凝土空心楼板等。楼梯可采用装配式混凝土楼梯或钢楼梯，无论采用哪种楼梯，楼梯与主体结构宜采用不传递水平作用的连接形式。

4.7.1　技术特点

钢筋桁架楼承板组合楼板具有安装方便、质量轻、运输成本低等优点。如果房间做吊顶时，一般底模不用拆除，此时可用传统的金属薄板作为底模。也可以用非金属材料作为底模，这样可以用螺栓、卡扣等连接方式将底板与钢筋桁架进行固定，待混凝土浇筑完成后可以方便地拆除底模，这种底模可拆的钢筋桁架楼承板更适合用于住宅中不做吊顶的区域（图 1.21）。

图 1.21　钢筋桁架楼承板

预制混凝土叠合楼板具有底面平整、跨度大等优点。一般可分为非预应力叠合板及预应力叠合板（PK 板）两种（图 1.22、图 1.23）；并且可以根据具体条件做单向板或双向板，也可以做密缝拼接和宽缝拼接。

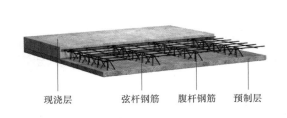

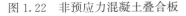

现浇层　弦杆钢筋　腹杆钢筋　预制层

图 1.22　非预应力混凝土叠合板

图 1.23　预应力混凝土叠合板

预制预应力混凝土空心楼板（SP 板）可作为全装配式的楼板，但一般为了使用起来整体性更好，会在楼板上浇筑现浇层，并增设钢筋网片进行增强（图 1.24）。

4.7.2　设计方法

不同楼板类型的使用高度应符合《装配式钢结构建筑技术标准》GB/T 51232 的规定；混凝土叠合板的设计应按《装配式混凝土结构技术规程》JGJ 1 及《预制带肋底板混

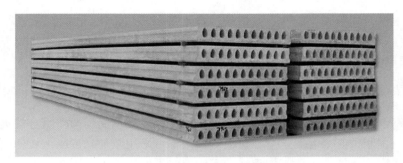

图 1.24　预制预应力空心楼板

凝土叠合楼板技术规程》JGJ/T 258 执行，预制预应力混凝土空心楼板的设计应按《预应力混凝土空心板》GB/T 14040 执行，并应注意：

（1）楼板应与主体结构可靠连接，保证楼盖的整体牢固性。抗震设防烈度为 6 度、7 度且房屋高度不超过 50m 时，可采用装配式楼板（全预制楼板）或其他轻型楼盖，但应采取加设楼板面内支撑、加强板缝的连接等措施保证楼板的整体性。

（2）装配整体式（带有叠合层的）楼板一般可按全现浇楼板进行设计，但建筑的最大使用高度应有所降低。

5　装配式钢结构建筑的外围护系统

外围护系统是钢结构建筑的重要组成部分，应根据如下要求选择合适的外围护墙板并进行设计：

（1）满足外围护系统性能要求，主要为安全性、功能性和耐久性等。

（2）墙板尺寸规格、轴线分布、门窗位置和洞口尺寸等应进行标准化设计，同时还应考虑外墙板及屋面板的制作工艺、运输及施工安装的可行性。

（3）屋面围护系统应满足支承要求。

（4）外墙围护系统的连接、接缝，门窗洞口等部位的构造节点，空调室外及室内机、遮阳装置、空调板太阳能设施、雨水收集装置及绿化设施等重要附属设施的连接节点应重点设计。

5.1　外围护墙板的主要类型

装配式钢结构建筑的外围护系统具有重量轻的优点，与传统建筑相比，装配式建筑的外围护系统更容易实现标准化设计、工厂化生产、装配化施工、饰面墙体一体化和信息化管理。但要实现这些预期的目标，装配式钢结构建筑需要更加周密的前期策划、图纸、技术准备，以解决技术衔接等问题。

我国目前比较成熟的装配式建筑的外围护系统主要类型见表 1.1。

外围护系统的材料种类多种多样，施工工艺和节点构造也不尽相同，不同类型的外墙围护系统具有不同的特点。按照外墙围护系统在施工现场有无骨架组装的情况，分为：预制外墙类、现场组装骨架外墙类、建筑幕墙类。按外墙板的保温形式分类，可分为：单一材料墙体、内保温复合墙体、外保温复合墙体与夹芯保温复合墙体四类，见表 1.2。按安装方式来分类，可分为：外挂式和嵌挂结合式。

外围护系统主要类型　　　　　　　　　　　　　　　　　　　　　　　　表 1.1

预制外墙（无骨架）	整间板体系	预制混凝土外墙板	普通型	预制混凝土夹心保温外挂墙板
			轻质型	蒸压加气混凝土板
		拼装大板		在工厂完成支承骨架的加工与组装、面板布置、保温层
	条板体系	预制整体条板	混凝土类 普通型	硅酸盐水泥混凝土板
				硫铝酸盐水泥混凝土板
			混凝土类 轻质型	蒸压加气混凝土板
				轻集料混凝土板
			复合类	阻燃木塑外墙板
				石塑阻燃木塑
		复合夹芯条板		面板＋保温夹芯层
现场组装骨架外墙				金属骨架组合外墙体系
				木骨架组合外墙体系
建筑幕墙				玻璃幕墙
				金属幕墙
				石材幕墙
				人造板幕墙

装配式外墙板类型　　　　　　　　　　　　　　　　　　　　　　　　　表 1.2

类型	实现功能	优点	缺点
单一材料墙板			
	①装饰；②围护	①构造简单；②施工方便；③价格低	保温性能较差
内保温复合板			
	①保温；②装饰	①施工方便；②对产品性能要求较低	①冷桥难以解决；②室内装修易破坏；③需要基层墙体

类型	实现功能	优点	缺点
外保温复合板			
	①保温； ②装饰	保温性能好	①施工受环境影响较大； ②对产品性能要求较高，价格较高； ③需要基层墙体
夹芯保温复合板	①保温； ②装饰； ③围护	①施工速度快； ②保温性能好	对产品构造设计、产品生产精度要求较高

5.2 装配式建筑外围护系统性能要求

外围护系统的材料种类多种多样，施工工艺和节点构造也不尽相同，应根据不同种材料特性、施工工艺和节点构造特点明确具体的性能要求。性能要求主要包括安全性、功能性和耐久性等。

1）安全性能要求

安全性能要求是指关系到人身安全的关键性能指标，对于装配式钢结构建筑外围护体系而言，应符合基本的承载力要求、防火要求，具体可以分为抗风压性能、抗震性能、耐撞击性能以及防火性能四个方面。外墙板应采用弹性方法确定承载力与变形，并明确荷载及作用效应组合；在荷载作用的标准组合作用下，外墙板不能因主体结构的弹性层间位移而发生塑性变形、开裂及脱落；主体结构层间位移角达到 1/100 时，外墙板不应发生掉落。

（1）抗风性能中风荷载标准值应符合现行国家标准《建筑结构荷载规范》GB 50009 中有关外围护系统风荷载的规定，并可参照现行国家标准《建筑幕墙》GB/T 21086 的相关规定，w_k 不应小于 $1kN/m^2$，同时应考虑阵风情况下的荷载效应。

应按式（2.1）计算：

$$w_k = \beta_{gz}\mu_z\mu_s w_0 \qquad (2.1)$$

式中　w_k——作用于非结构构件表面上的风荷载标准值（kN/m^2）；

　　　β_{gz}——阵风系数；

　　　μ_s——风荷载体型系数；

　　　μ_z——风压高度变化系数；

w_0——基本风压（kN/m^2）。

（2）抗震性能应满足现行行业标准《非结构构件抗震设计规范》JGJ 339 中的相关规定，应按式（2.2）计算：

$$F = \gamma \eta \zeta_1 \zeta_2 \alpha_{max} G \qquad (2.2)$$

式中　F——沿最不利方向施加于非结构构件重心处的水平地震作用标准值（kN）；

α_{max}——水平地震影响系数最大值，按照《建筑抗震设计规范》GB 50011 取值；

G——非结构构件的重力荷载代表值（kN）。

平面内的地震效应应该按照非结构构件因为支撑点相对水平位移产生的内力，可按式（2.3）计算：

$$F_d = K \cdot \Delta u \qquad (2.3)$$

式中　F_d——非结构构件因为支撑点相对水平位移产生的内力；

K——非结构构件在位移方向的刚度；

Δu——相邻楼层的相对水平位移，按现行国家标准《建筑抗震设计规范》GB 50011 规定的限制采用，一般多高层钢结构建筑可取 $1/300h$。

（3）耐撞击性能应根据外围护系统的构成确定。对于幕墙体系，可参照现行国家标准《建筑幕墙》GB/T 21086 中的相关规定，撞击能量最高为 900J，降落高度最高为 2m，试验次数不小于 10 次，同时试件的跨度及边界条件必须与实际工程相符。除幕墙体系外的外围护系统，应提高耐撞击的性能要求。外围护系统的室内外两侧装饰面，尤其是类似薄抹灰做法的外墙保温饰面层，还应明确抗冲击性能要求（表 1.3）。

耐撞击性能分级　　　　　　　　　　　　　　　　　　　　　　　　表 1.3

分级指标		1	2	3	4
室内侧	撞击能量 E(Nm)	700	900	>900	—
	降落高度(mm)	1500	2000	>2000	—
室外侧	撞击能量 E(Nm)	300	500	800	>800
	降落高度（mm）	700	1100	1800	>1800

（4）防火性能应符合现行国家标准《建筑设计防火规范》GB 50016 中的相关规定，试验检测应符合现行国家标准《建筑构件耐火试验方法　第 1 部分：通用要求》GB/T 9978.1、《建筑构件耐火试验方法　第 8 部分：非承重垂直分隔构件的特殊要求》GB/T 9978.8 的相关规定。

2）功能性要求

功能性要求是指作为外围护体系应该满足居住使用功能的基本要求。具体包括水密性能、气密性能、隔声性能、热工性能四个方面。

（1）水密性能包括外围护系统中基层板的不透水性以及基层板、外墙板或屋面板接缝处的止水、排水性能。对于建筑幕墙系统，应参照现行国家标准《建筑幕墙》GB/T 21086 中的相关规定。

（2）隔声性能应符合现行国家标准《民用建筑隔声设计规范》GB 50118 的相关规定。

（3）热工性能应符合国家现行标准《公共建筑节能设计标准》GB 50189、《严寒和寒冷地区居住建筑节能设计标准》JGJ 26、《夏热冬冷地区居住建筑节能设计标准》JGJ

134、《夏热冬暖地区居住建筑节能设计标准》JGJ 75 的相关规定。

3）耐久性要求

耐久性要求直接影响到外围护系统使用寿命和维护保养时限。不同的材料，对耐久性的性能指标要求也不尽相同。经耐久性试验后，还需对相关力学性能进行复测，以保证使用的稳定性。对于以水泥基类板材作为基层板的外墙板，应符合现行行业标准《外墙用非承重纤维增强水泥板》JG/T 396 的相关规定，满足抗冻性、耐热雨性能、耐热水性能以及耐干湿性能的要求。

5.3 与结构主体的连接方式

装配式建筑的外墙安装形式主要包括：外挂式安装和内嵌式安装。

1）外挂式安装

外挂式墙体安装多用于板材类墙体材料安装，具有施工速度快、技术含量高的特点，能够很好克服钢结构构件挠度变形对墙体造成破坏的缺陷。此外，板与板之间是同一种材料，连接相对较为容易。同时墙板包裹钢结构构件，建筑外墙平整，易于装饰且不易形成冷桥。但是外挂式墙体安装也存在一些缺点：首先，对于墙板的构造材料要求较高，导致墙体造价相对较高；其次，一般外墙体不用来做承重结构，自重全部传到连接构件上，连接构件的强度要求相应增大，对于严寒地区墙体厚度及自重较大，就更需要注意，并且由于需要较多专用金属连接件，导致造价会比较高。同时由于墙板在结构构件外侧，室内露梁、露柱。

2）内嵌式安装

内嵌式墙体多用于板材类墙体。安装时，现场施工量较大，无法完全包裹住钢结构梁柱系统，易形成冷热桥，因此要进行二次包裹（图 1.25）。

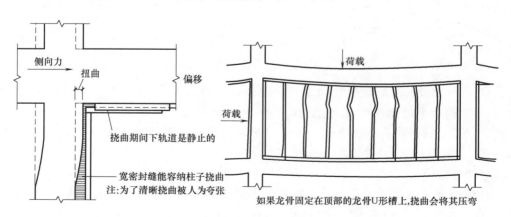

图 1.25　钢梁挠度变形对内嵌式墙体的影响

但是，同时需要注意到钢结构构件在承受荷载时挠度变形较大，会对内嵌式墙体产生破坏，易造成楼板与墙板的接缝处漏雨和渗水，为雨水提供通道，影响楼下居民的使用。

钢结构建筑外墙系统的构造中的重点和难点在于连接和接缝的处理，需要处理多种类型的接缝（表1.4）。

连接和接缝处理　　　　　　　　　　　　　　　　　　　　　　表 1.4

序号	项目	要　　求
1	外墙板与主体结构的连接	连接节点在保证主体结构整体受力的前提下,应牢固可靠、受力明确、传力简捷、构造合理
		连接节点应具有足够的承载力。承载能力极限状态下,连接节点不应发生破坏;当单个连接节点失效时,外墙板不应掉落
		连接部位应采用柔性连接方式,连接节点应具有适应主体结构变形的能力
		节点设计应便于工厂加工、现场安装就位和调整
		连接件的耐久性应满足使用年限要求
2	外墙板与外墙板之间的连接	接缝处应根据当地气候条件合理选用构造防水、材料防水相结合的防排水措施
		接缝宽度及接缝材料应根据外墙板材料、立面分格、结构层间位移、温度变形等综合因素确定
		所选用的接缝材料及构造应满足防水、防渗、抗裂、耐久等要求
		接缝材料应与外墙板具有相容性;外墙板在正常使用下,接缝处的弹性密封材料不应破坏
		接缝处以及与主体结构的连接处应设置防止形成热桥的构造措施
3	外门窗与外墙板之间的连接	外门窗应与墙体可靠连接,门窗洞口与外门窗框接缝处的气密性能、水密性能和保温性能不应低于外门窗的有关性能
		预制外墙中外门窗宜采用企口或预埋件等方法固定,外门窗可采用预装法或后装法设计;采用预装法时,外门窗框应在工厂与预制外墙整体成型;采用后装法时,预制外墙的门窗洞口应设置预埋件

5.4　主要类型板材设计要点

5.4.1　蒸压加气混凝土板

单一材质外墙板由于保温性能和力学性能难以兼顾,大多数情况下用于建筑室内隔墙。外墙应用较多的主要是配筋加气混凝土板,简称 ALC 板。ALC 板是由水泥、石灰等无机材料作为原材料,并由钢筋增强,经过高温、高压、蒸汽养护制成的多孔混凝土板材(图 1.26)。

此种板材以硅砂、水泥和生石灰、石膏进行混合搅拌,再加入少量铝粉制成浆料,注入装有经过防锈镀膜处理钢筋网片的模具,经过发泡、静置获得初期强度后,再经高温高压蒸汽养护而成。由于发泡及高温蒸养,板材内部形成很多封闭的小孔,

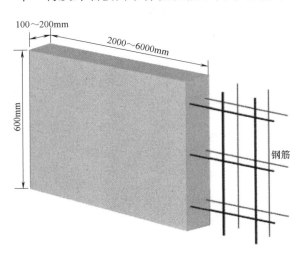

图 1.26　ALC 板

在减小材料密度的同时使板材具有良好的保温性能。发泡过程中产生的闭口式孔隙可以有效地防止雨水、潮气的渗透，同时微气孔具有一定的隔声效果，内部设置的钢筋网片令板材具有足够的强度以抵抗风荷载和撞击力。典型的 ALC 板力学性能见表 1.5。

典型的 ALC 板力学性能　　　　　　　　　　　　　　　　　　表 1.5

项　　目	性能指标
密度（kg/m³）	525
抗压强度（MPa）	3.5
导热系数［W/（m・K）］	0.14
计权隔声（dB）（150mm 板厚）	46.4

1）连接构造

ALC 板与墙体、梁或柱的连接有滑动工法、竖装墙板螺栓固定、竖装墙板插入钢筋、墙板摇摆工法等，安装方法见表 1.6。

ALC 墙板安装连接方法　　　　　　　　　　　　　　　　　　表 1.6

名称	连接方法	示　意　图
螺栓固定工法	通过贯穿板材的螺栓将板材固定于结构构件上	
插入钢筋法	在外墙加气混凝土墙板十字交接缝处布设专用托板承载加气混凝土墙板，同时在此处的竖直缝内部布置上下连接两块加气混凝土墙板的专用接缝钢筋，防止板缝开裂	

续表

名称	连　接　方　法	示　意　图
		φ8专用接缝钢筋@600(L=1000)　　≥100　　1:3水泥砂浆填缝 专用托板 L63×6通长　4 40/300 4 40/300 L63×6@600L=100 φ12钩头螺栓@600　30 梁
滑动工法	与竖装墙板插入钢筋法相类似,但是接缝钢筋并不贯穿上下两块加气混凝土墙板,而是断开的,更接近于柔性连接的原理	φ8专用接缝钢筋@600(L=500) 专用托板 L63×6通长 φ8专用接缝钢筋@600 L63×6通长 φ8专用接缝钢筋@600(L=500)　≥100 专用托板 L63×6通长 1:3水泥砂浆填缝 4 50/600　30 4 50/600 L63×6通长 φ8专用接缝钢筋@600

名称	连接方法	示意图
摇摆工法	墙板摇摆工法是由日本设计开发出的一种新型的加气混凝土外墙板安装固定方式,其特点是可承受的层间位移角大,安装施工简洁快速,但造价较高	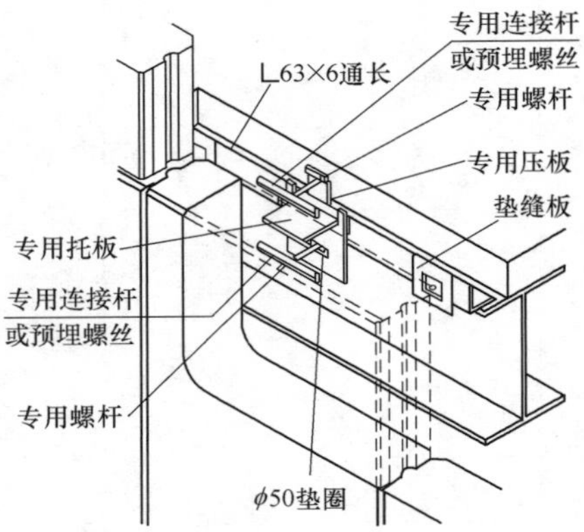

2) 板缝处理

ALC板的板缝处理已经较为成熟和系统,外墙板外侧板缝做法见表1.7,内侧板缝做法见表1.8。

外侧板缝做法 表1.7

部　位		构造做法示意图
一般抹灰墙面板缝	明缝	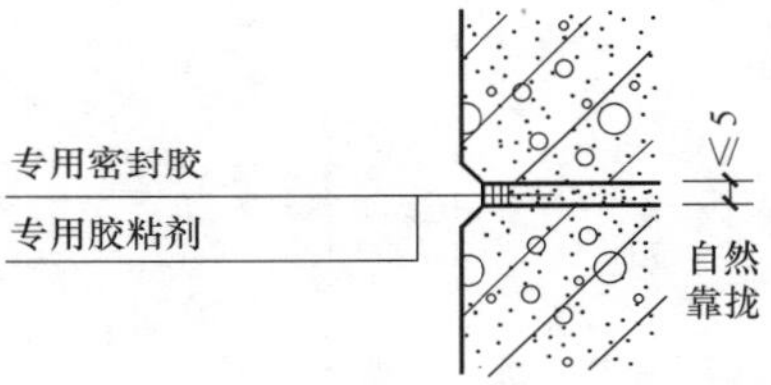
	暗缝	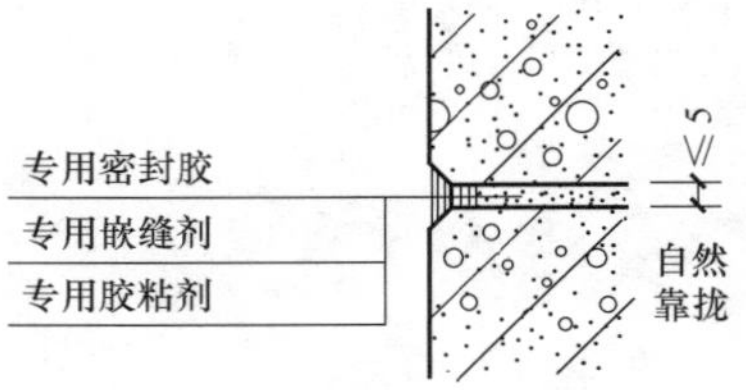
易变形部位		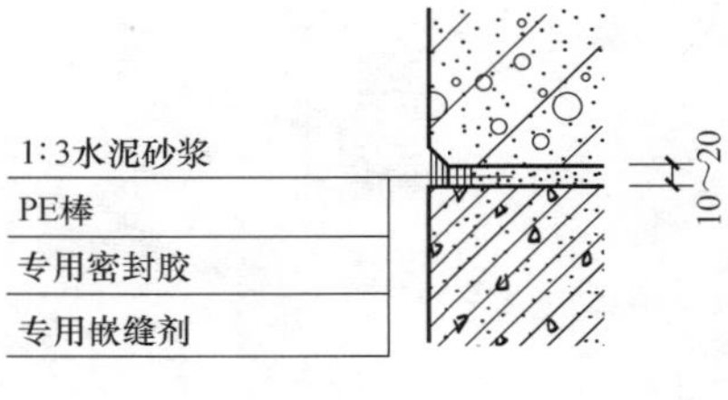

内侧板缝做法　　　　　　　　　　　　　　　　　　　　　　　　表 1.8

部　位		部　位
一般抹灰墙面板缝	明缝	专用嵌缝剂 / 耐碱玻纤网格布 / 专用胶粘剂 ≤5 自然靠拢
	暗缝	聚合物水泥砂浆或专用砌筑砂浆 / PE棒 / 专用嵌缝剂 / 耐碱玻纤网格布 10～20
易变形部位		1:3水泥砂浆 10～20

　　3）选用要点

　　（1）ALC 板外墙热工性能

　　加气混凝土应用在具有保温隔热和节能要求的围护结构中时，根据建筑物性质、地区气候条件、围护结构构造形式，应合理地进行热工设计。当保温、隔热和节能设计要求的厚度不同时，应采用其中的最大厚度。

　　加气混凝土外墙和屋面的隔热性能应符合现行国家标准《民用建筑热工设计规范》GB 50176 的有关规定。单一加气混凝土围护结构的隔热低限厚度可按表 1.9 采用。

加气混凝土围护结构隔热低限厚度　　　　　　　　　　　　　　表 1.9

围护结构类别	隔热低限厚度（mm）
外墙（不包括内外饰面）	175～200
屋面板	250～300

　　建筑的外墙节能设计应满足国家节能规范的要求。外墙可采用蒸压加气混凝土板外敷保温材料的复合墙体，也可为单独的蒸压加气混凝土板外墙。板材厚度可依据经济性的原则、节能的要求以及外墙的保温形式根据热工计算的结果选定。

　　（2）ALC 板的构造要求

　　① 蒸压加气混凝土外挂墙板应设构造缝，外墙板的室外侧缝隙应采用专用密封胶密封，室内侧板缝应采用嵌缝剂嵌缝。

　　② 蒸压加气混凝土板作为外围护结构采用内嵌方式时，在严寒、寒冷和夏热冬冷地区，外墙中的梁、柱等热桥部位外侧应做保温处理。

　　③ 板材与其他墙、梁、柱、顶板接触连接时，端部需留 10～20mm 缝隙，应用聚合

物或发泡剂填充；有防火要求时应用岩棉填塞。

④ 门窗洞口应满足建筑构造、结构设计及节能设计要求，门窗安装应满足气密性要求及防水、保温的要求，外门、窗框或附框与墙体之间应采取保温及防水措施。门窗口上端可采用聚合物砂浆抹滴水线或鹰嘴，也可采用成品滴水槽，窗台外侧聚合物砂浆抹面做坡度。

5.4.2　钢筋混凝土复合保温板

预制钢筋混凝土夹芯保温外墙板是一种自承重围护构件，由内叶板、保温板、外叶板

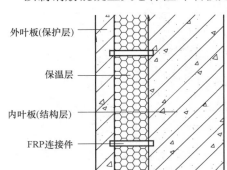

图 1.27　预制钢筋混凝土夹芯保温外墙板

以及连接件组成。内叶板结构受力由计算确定，可根据工程设计需要参与抗震计算；中间为保温层，通常采用 EPS 或 XPS，保温层厚度可以根据当地节能要求调节；外叶板仅起到保护作用，一般为 50mm 厚，可在工厂做成清水、涂料、贴砖、石材等多种效果。内叶板和外叶板通过纤维增强复合塑料制成的 FRP 连接件连接固定（图 1.27）。

墙板节点设计

（1）与主体结构连接

预制复合夹芯保温外墙板与梁、柱或剪力墙主要采用外挂式和侧连式两种连接方式，在钢结构建筑中主要采用外挂式。

外挂式：外墙上边与梁连接，侧边和底边仅做限位连接（图 1.28）。

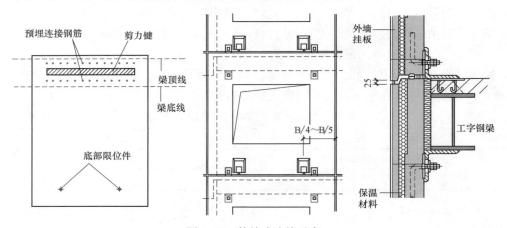

图 1.28　外挂式连接示意

（2）板缝处理

外墙板接缝渗水问题，是装配式外墙技术难点之一。20 世纪 90 年代初，北京的大板住宅黯然退出市场的重要原因就是外墙漏水。万科预制混凝土夹芯保温外墙板的竖缝采用构造防水和材料防水两道设防。设置空腔构造，使垂直缝防水材料内侧形成上下贯通的透气孔，并在顶层女儿墙设透气管及三层底部设置排水管引出空腔内积水；在墙板外侧板缝嵌入密封胶，阻止雨水侵入（图 1.29）。

横缝同样采用构造防水和材料防水两种方式，在预制外墙板侧面设置企口，切断水流

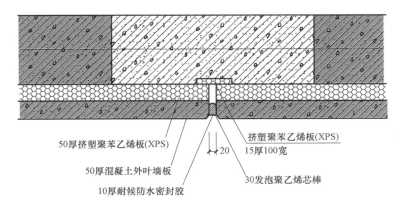

50厚挤塑聚苯乙烯板(XPS)

50厚混凝土外叶墙板

10厚耐候防水密封胶

挤塑聚苯乙烯板(XPS)

15厚100宽

30发泡聚乙烯芯棒

20

图 1.29　竖缝处理

通路，利用重力作用排除雨水；在上下板缝处嵌入密封胶，阻止雨水侵入（图 1.30）。

5.4.3　轻钢龙骨复合保温板

轻钢龙骨复合外墙板是由基础板通过锚栓固定于轻钢龙骨外侧，菱镁板固定于轻钢龙骨内侧，龙骨间填充岩棉保温的复合墙板（图1.31）。

1）连接构造

轻钢龙骨复合外墙板采用吊挂方式与主体结构连接。墙板上部为承重节点，采用螺栓连接；墙板下部为非承重节点，墙板中的预制螺栓与楼板上的角钢连接，角钢上是竖向长条形孔，同样可以实现竖向滑动（图1.32）。

2）板缝处理

轻钢龙骨复合外墙板采用外挂式连接方式，连接节点设计简单，构件较少，板缝处理难度相对较小。

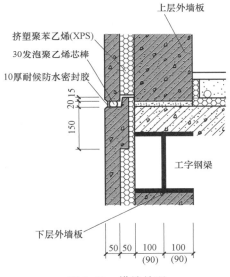

上层外墙板

挤塑聚苯乙烯(XPS)

30发泡聚乙烯芯棒

10厚耐候防水密封胶

工字钢梁

下层外墙板

20 15

150

50　50　100　100
(90)　(90)

图 1.30　横缝处理

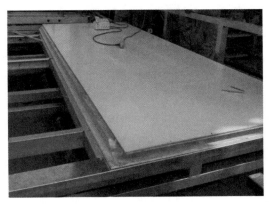

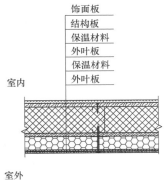

饰面板
结构板
保温材料
外叶墙板
保温材料
外叶板

室内

室外

图 1.31　轻钢龙骨复合外墙板

（1）横缝

轻钢龙骨复合外墙板横缝采用材料防水和构造防水两种方式。墙板上下口设置企口，并在企口内填充成品胶条、密封胶、聚氨酯发泡胶；在室内侧，用砂浆填充并涂抹防水材料（图1.33）。

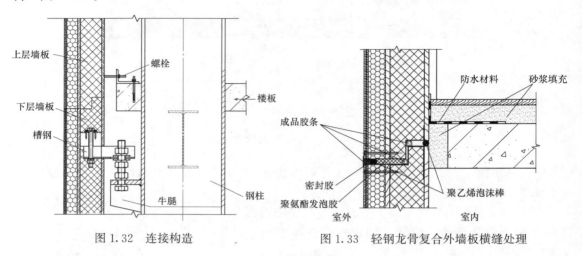

图1.32　连接构造　　　　　图1.33　轻钢龙骨复合外墙板横缝处理

（2）竖缝

轻钢龙骨复合外墙板竖缝也采用了两种防水构造：构造防水和材料防水。墙板两侧设有企口，阻断了水流通路，企口内填充成品胶条和聚氨酯发泡胶，在室内侧和室外侧均用密封胶密封（图1.34）。

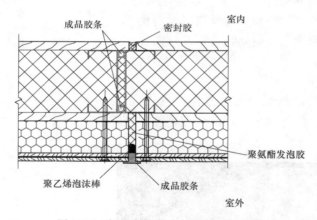

图1.34　轻钢龙骨复合外墙板竖缝处理

3）选用要点

（1）高度限制

外围护组合墙体单元的高度不宜大于一个层高，并应符合下列要求：

① 采用120mm厚外围护墙板的组合墙体单元高度不应大于3.6m；

② 采用150mm厚外围护墙板的组合墙体单元高度不应大于4.2m；

③ 采用200mm厚外围护墙板的组合墙体单元高度不应大于4.8m。

按照上述要求进行设计，当超过限高安装墙板时，应由工程设计人员另行设计。

（2）防水构造

组合墙体单元接缝及门窗洞口等防水薄弱部位宜采用材料防水和构造防水相结合的做法，并应符合下列规定：

① 组合墙体单元间的水平接缝宜采用高低缝或企口缝构造；

② 组合墙体单元间的竖缝可采用平口或槽口构造；

③ 当板缝口腔需设置导水管排水时，板缝内侧应增设气密条密封构造。

（3）嵌缝设置

组合墙体单元间的接缝采用材料防水时，应采用防水性能可靠的嵌缝材料，并应符合下列要求：

① 接缝宽度设计应满足在热胀冷缩及风荷载、地震作用等外界环境的影响下，其尺寸变形不会导致密封胶的破裂或剥离破坏的要求。在设计时应考虑接缝的位移，确定接缝宽度，使其满足密封胶最大容许变形率的要求。

② 接缝宽度应控制在 6～20mm 范围内；接缝胶深度控制在 8～15mm 范围内。

③ 接缝所用的密封材料应选用耐候性密封胶，耐候性密封胶与墙板的相容性、低温柔性、最大伸缩变形量、剪切变形性、防霉性及耐水性等均应根据设计要求选用。

④ 采用密封胶条接缝的组合墙体单元之间，十字接头部位的纵、横密封胶条交叉处应采取必要的防水密封措施。

（4）承载力要求

组合墙体单元及连接节点按承载能力极限状态设计和按正常使用极限状态验算时，应考虑组合墙体自重（含窗重）、风荷载、地震作用及温度应力等荷载作用的不利组合。

装配式外围护墙体及其支承结构组成的建筑物外围护结构体系，主要承受自重以及直接作用于其上的风荷载、地震作用、温度作用等，不分担主体结构承受的荷载和（或）地震作用。非抗震设计时，承受重力荷载、风荷载和温度作用；抗震设计时，还要考虑地震作用。各种构件产生的内力（应力）和变形不同，情况比较复杂，但均应满足承载能力极限状态和正常使用极限状态的要求。

5.4.4 灌浆墙

灌浆墙是由轻钢龙骨作为支撑骨架，龙骨两侧采用纤维水泥板，中间一边填充岩棉，另一边泵入胶粉聚苯颗粒而形成的复合整体式实心墙体（图 1.35）。

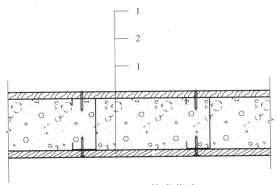

图 1.35　整体灌浆墙

1—水泥纤维板；2—胶粉聚苯颗粒

整体灌浆墙的横竖龙骨采用开孔式龙骨，缓解冷桥的影响（图 1.36）。

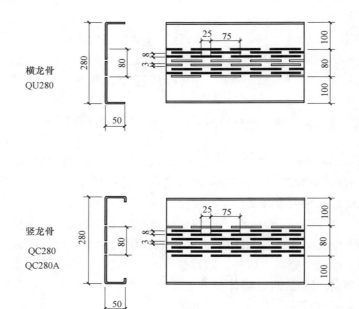

图 1.36　开孔龙骨

整体灌浆墙具有较好的保温性能、防火性能和隔声性能。

墙板节点设计

整体灌浆墙是在现场拼装而成，半内嵌式安装。施工时，先在层间安装轻钢龙骨，完成后在轻钢龙骨一侧安装板，而后填充岩棉板，安装另一侧板，最后浇灌胶粉聚苯颗粒，应采取有效措施确保浇筑密实，避免孔洞影响外墙的防水和隔声效果。

（1）与主体结构连接

整体灌浆墙是依靠轻钢龙骨作为骨架支撑，地龙骨与本层楼板连接（图 1.37、图 1.38）。

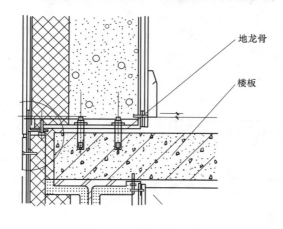

图 1.37　地龙骨的连接

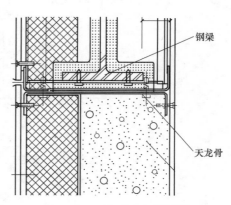

图 1.38　天龙骨与钢梁连接

整体灌浆墙虽然是内嵌式安装，但是通过产品的设计，采用了外包楼板的方式，解决了楼板和钢梁易形成冷桥、板缝不易处理的问题（图1.39）。

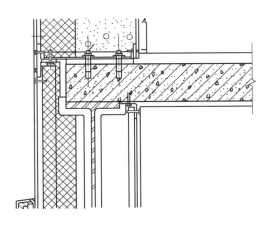

图1.39　灌浆墙外包楼板

（2）板缝处理

由于采用外包楼板和钢梁的方式，板缝处理近似于外挂式，处理相对容易。在板缝处，先在角钢上固定钢制平行接头，而后粘贴2mm自粘胶条，最后在板缝打入密封胶密封（图1.40）。

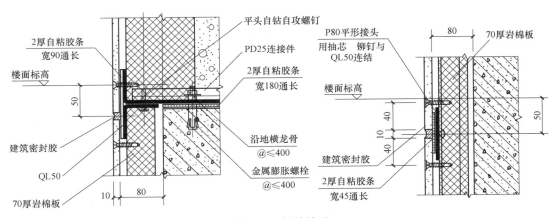

图1.40　板缝处理

6　装配式钢结构建筑的设备管线系统与内装系统

6.1　设备管线系统

装配式钢结构建筑的设备系统包括给水排水系统、供暖与通风空调系统、供配电系统，这三大设备系统设计的主要内容及要求与传统结构形式建筑的设备系统设置要求在大多数方面是相同的，均应符合国家和地方相关标准规范规定。除此之外，装配式钢结构建筑还应执行装配式建筑各项技术规范的规定。装配式钢结构建筑因其建筑结构方面的特性使得设备管线系统与传统结构形式建筑的设备管线系统又有一些不同之处，需要在设计时予以注意，其主要设计要点如下：

（1）装配式钢结构建筑的设备与管线宜采用集成化技术、标准化设计，各种设备管线的预埋管宜定型、定长、定位，以便预制。

（2）不应在预制构件安装后凿剔沟槽、开孔、开洞。机电设备的布置应与主体结构、外围护系统、内装系统相协调，做好预留预埋。

（3）除预埋管线外，其余设备管线宜在架空层或吊顶内设置，排水管道宜采用同层排水技术。采用集成式卫生间或采用同层排水架空地板时，不宜采用地板辐射供暖系统。

（4）应做好各设备管线的综合设计工作，减少管线交叉，有条件时宜采用建筑信息模型（BIM）技术，与结构系统、外围护系统等进行一体化设计。

（5）管道与管线穿过钢梁、钢柱时，应与钢梁、钢柱上的预留孔留有空隙，或空隙处采用柔性材料填充；当穿越防火墙或楼板时，应设置不燃型的套管，管道与套管之间的空隙应采用不燃、柔性材料填封。

（6）防雷引下线和共用接地装置应充分利用钢结构自身作为防雷接地装置。构件连接部位应有永久性明显标记，其预留防雷装置的端头应可靠连接。

（7）钢结构基础应作为自然接地体，当接地电阻不满足要求时，应设人工接地体。

（8）接地端子应与建筑物本身的钢结构金属物连接。

6.2　内装系统

我国现阶段基本采用传统湿作业为主的装修方式，以手工劳动为主，工作效率低下，质量参差不齐，造成大量的资源与能源的浪费，每年产生的数以亿万吨计的建筑垃圾对环境造成巨大污染，同时在装修中经常出现业主擅自敲掉承重墙和更改排水等管线等不顾房屋结构与安全的行为，给住宅的质量和抗震等方面带来一系列的隐患，影响着建筑物的使用寿命，劣质建材的使用对住户健康安全造成的损害更是难以预计，装修方式急需向采用干式方法施工的装修方式转变。

当前，国内的装配式建筑对建筑主体结构的探索和实践，已经积累了一定经验。对装配式装修的研究和实践还很缺乏。从世界装配式建筑发展来看，装配式建筑主要是由建筑主体结构和内装的两大领域组成，两者相互依存、缺一不可。装配式装修产品的开发和研究涉及领域广泛，将会带动相关产业的发展，相信在今后的发展中，装配式装修产业将会成为未来的趋势。

6.2.1　SI 技术体系

SI 技术体系是以保证住宅全寿命期内质量性能的稳定为基础，通过支撑体（Skeleton）和填充体（Infill）的分离来提高住宅的居住适应性和全寿命期内的综合价值。采用SI 技术体系的住宅可针对不同的家庭结构以及使用需求的变化，对住宅内部空间进行自由分割。支撑体由住宅的躯体、共用设备空间所组成，具有高耐久性，是住宅长寿化的基础。填充体由各住户的内部空间和设备管线所组成，通过与支撑体分离，实现其灵活性、可变性。

1）支撑体与填充体分离技术体系

（1）耐久性支撑体 S——主体

主体结构部分应具有高耐久性，在住宅设计、建造及使用等各个环节均可采取一定的措施来提高主体结构的耐久性，如增加混凝土保护层厚度、提高混凝土强度等级等。

（2）可变性支撑体 I——内装

应保证主体结构作为不可变部分布置为大空间形式，通过设置轻质隔断以便内部空间灵活布置。居住者可以根据自己的喜好或者家庭需求的变化自由划分。

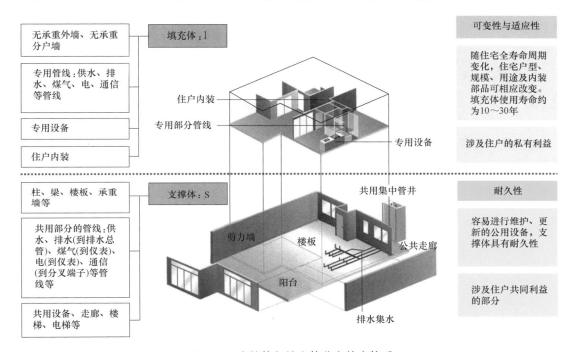

图 1.41　支撑体与填充体分离技术体系

2）填充体整体技术解决方案

（1）分隔式内装整体技术解决方案

主要包括以正六面体分离技术为核心的架空地板、架空吊顶、架空墙体和轻质隔墙，其各部分形成的架空层内可以布置管线等设备，是实现 SI 住宅管线分离的载体。

（2）分离式管线设备整体技术解决方案

包括给水排水系统、暖通系统、电气系统三大系统的分离。采用分集水器技术、同层排水技术实现给水排水管线的分离；采用干式地暖技术、烟气直排技术实现暖通管线的分离；采用带式电缆技术、架空层配线技术实现电气管线的分离。

（3）模块化部品整体技术解决方案

包括整体厨房、整体卫浴、整体收纳三大模块化部品技术。部品采用一体化设计、工厂标准化制造、现场装配的方式实现住宅产品的高品质、高效率装修。

6.2.2　装配式内装部品技术体系

1）模块化部品技术体系

（1）整体厨房部品技术体系

整体厨房部品是由工厂生产的具有炊事活动功能空间的，包含整体橱柜、炊事灶具、吸油烟机等设备和管线组装成独立功能单元的内装部品模块。整体厨房有装配效率高、环保节能、质量易控等优点（图1.42）。

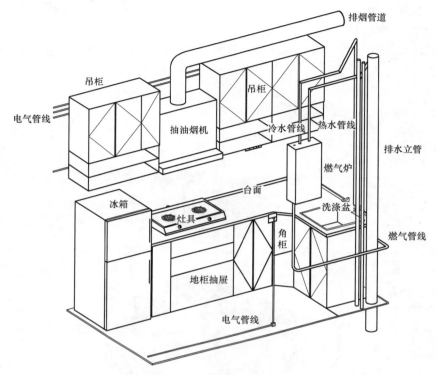

图1.42 整体厨房部品示意

（2）整体卫浴部品技术体系

整体卫浴部品是以防水底盘、墙板、顶盖构成整体框架，配上各种功能洁具形成的独立卫生单元部品模块，具有洗浴、洗漱、如厕三项基本功能或其功能之间的任意组合（图1.43）。

（3）整体收纳部品技术体系

整体收纳部品是由工厂生产、现场装配的满足不同套内功能空间分类储藏要求的基本单元化部品模块（图1.44）。

2）集成化部品技术体系

（1）架空地板部品技术体系

架空地板部品技术体系是指地板下面采用树脂或金属地脚螺栓支撑。架空空间内可以敷设给水排水等设备管线。在管线接头处安装分水器的地板，设置方便管道检查的检修口（图1.45、图1.46）。

（2）架空吊顶部品技术体系

架空吊顶部品技术体系可采用轻钢龙骨吊顶等多种吊顶板形式。吊顶内部架空空间可以布置给水管、电线管、通风管道等（图1.47）。

（3）架空墙体部品技术体系

架空墙体部品技术体系是指墙体表层采用粘贴树脂螺栓或固定轻钢龙骨，外贴石膏板，实现贴面墙。通过粘贴石膏板材进行找平，裂痕率较低，且壁纸粘贴方便快捷（图1.48）。

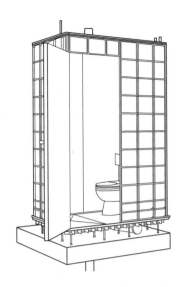

图 1.43　整体卫浴部品示意

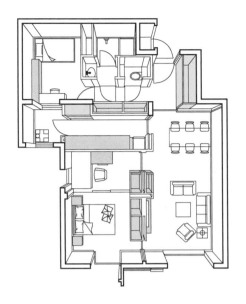

图 1.44　整体收纳部品示意

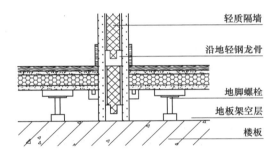

图 1.45　一般架空地板构造示意

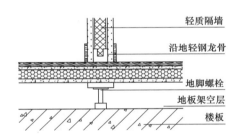

图 1.46　SI 住宅体系地面优先
施工构造示意

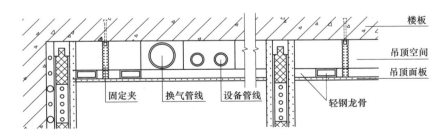

图 1.47　架空吊顶部品技术体系示意

（4）轻质隔墙部品技术体系

轻质隔墙部品技术体系可灵活分隔空间，龙骨架空层内可敷设管线及设备等
（图 1.49）。

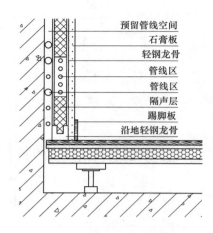

图 1.48　架空墙体部品技术体系构造示意

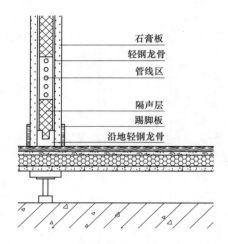

图 1.49　轻质隔墙部品技术体系示意

第二章 纯钢框架体系

【案例1】中建钢构有限公司天津厂公寓楼

摘　要

天津厂公寓楼位于天津市西青区，在国家建筑热工分区中属于寒冷地区，是一栋6层钢结构装配式住宅，建筑面积3646.83m²，抗震设防烈度7度，采用国家绿色建筑三星设计标准建造施工，执行75％的四步节能标准。建筑立面融合红、白、灰三色，大胆采用现代主义设计风格，整体简约时尚、美观大气，并且建筑户型方正、布局合理，整体得房率相对于传统建筑提高约6％。

公寓楼采用公司自主研发设计的装配式全钢体系建造，充分挖掘装配式钢结构"节能、低耗、省时"的特点，发挥其轻质高强、空间利用率高、抗震性能优越、工业化程度高、施工周期短、不受季节限制、现场湿作业少、资源循环利用、绿色环保的优点，着重于钢结构装配式建筑体系的研究设计。

1 典型工程案例简介

1.1 基本信息

项目名称：中建钢构有限公司天津厂公寓楼

项目地点：天津市西青区王稳庄

开发单位：中建钢构天津有限公司

设计单位：中国建筑上海设计研究院

深化设计单位：中建钢构有限公司

施工单位：中建钢构有限公司

预制构件生产单位：中建钢构天津有限公司

进展情况：已完工

1.2 项目概况

该项目地上6层，层高3m，建筑总高度19.25m，建筑面积3646.83m²，无地下室，采用桩基础。按照国家绿色建筑三星标准设计，执行75％的四步节能标准，2015年12月投入使用（图2.1）。

图 2.1　中建钢构有限公司天津厂公寓楼实景

2　技术应用情况

2.1　装配式技术应用情况概述

项目采用了公司自主研发的 GS-Building 装配式钢结构体系，是一种钢结构框架＋三板体系的工业化建筑产品（图 2.2）。其以钢结构作为主要承重结构，以预制内外墙、楼板等作为围护结构，引入工业化内装。并整合新风系统、地源热泵系统、太阳能系统、节能门窗等绿色技术（图 2.3）。

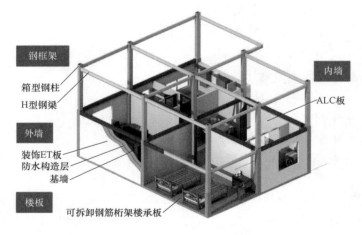

图 2.2　GS-Building 体系原理示意图

图 2.3 建筑产品系统集成

2.2 建筑专业技术应用

公寓楼建筑平面呈一字形布置，由 4 个标准单元拼接而成，每单元以一个交通核为中心，连接两个成镜像对称的 2 室 1 厅户型（图 2.4）。

该项目设计在保证具有南北通透、采光、通风效果好等特点之外，结合墙板的模数，充分考虑宽度标准，减少墙板现场切割量，保证墙板切割后宽度不小于 200mm，降低材料损耗率。并且充分考虑钢结构空间跨度大、可灵活分割的特点，力求使得户型在未来可进行调整（图 2.5）。

2.3 主体结构技术应用

2.3.1 主体钢框架

项目主体结构采用钢框架结构，即由梁和柱组成框架共同抵抗使用过程中出现的水平荷载和竖向荷载，墙体只起到围护分隔作用

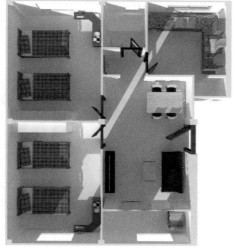

图 2.4 建筑标准户型示意图

（图 2.6）。该结构空间分隔灵活、自重轻、效率高，框架结构的梁、柱构件易于标准化、定型化，工程质量可控，适合大规模工业化施工。

设计时对用量较大构件采用统一规格，并钢厂协商定制，此举在降低成本的同时提高了加工速度，力学性能优越。

最后采用的方案中，钢柱分别为□300mm×300mm×14mm、□300mm×300mm×12mm、□300mm×300mm×10mm 的方钢管，钢梁分别为 HM294×200mm×8mm×

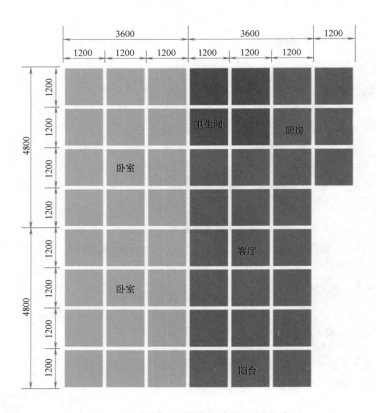

图 2.5　基于标准模数的建筑空间设计

图 2.6　公寓楼结构体系示意图

12mm 和 H300×150mm×6mm×8mm 的 H 型钢，材质均为 Q345B；地脚锚栓尺寸规格为 L50×3mm、L30×4mm，材质 Q235B。公寓楼用钢量约 78kg/m² （含钢楼梯）（图 2.7）。

2.3.2　楼梯

项目采用钢楼梯，由梯梁和梯步板组成。上部采用钢筋钢丝网＋混凝土垫层＋装饰层做法（表 2.1、图 2.8、图 2.9）。

图 2.7　公寓楼主体结构实景图

钢楼梯规格材质表　　　　　　　　　　　　　　　表 2.1

构件号	名称	截面(mm)	材质	备注
TL1	梯梁	HN175×90×5×8		热轧 H 型钢
TL2		C180×69×7×10.5	Q235B	槽钢
TB1	梯步板	厚3		花纹钢板

图 2.8　现场楼梯安装图

图 2.9　楼梯模型

2.3.3　节点构造

梁柱节点采用刚性连接，主次梁为铰接，柱脚采用外露式刚接柱脚（图 2.10～图 2.12）。梁柱刚接节点采用全螺栓连接，即翼缘和腹板均为螺栓连接；铰接采用腹板螺栓连接。

2.3.4　防火处理

公寓楼耐火等级为一级，承重钢柱耐火极限不小于 3h，钢梁耐火极限不小于 2h。项目采用了喷涂＋包封（防火涂料＋防火材料外包处理）相结合的防火构造处理（图 2.13、图 2.14）。

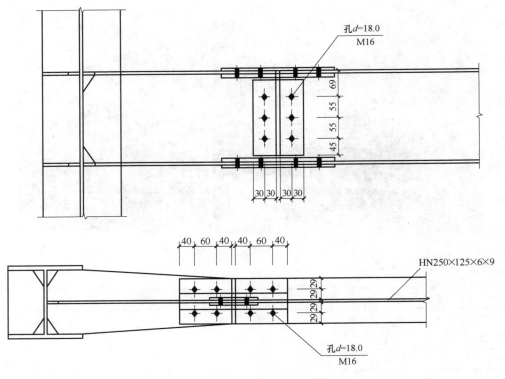

图 2.10　梁柱刚接节点示意图

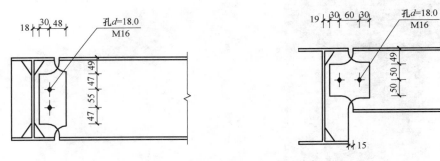

图 2.11　主次梁铰接节点图

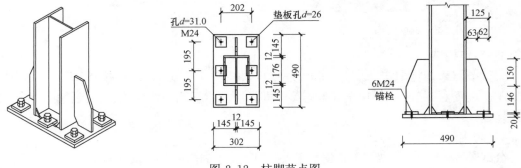

图 2.12　柱脚节点图

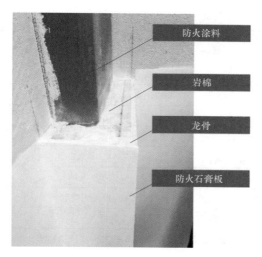

图 2.13 钢柱防火做法

图 2.14 钢梁防火做法

2.3.5 防腐处理

项目采用钢结构通常的防腐做法，对有防腐要求的钢构件除锈后应立即进行防腐涂装，防腐底漆、中间漆应配套使用。由于防腐层外还包有防火涂料、防火板等多道构造，大大提高了防腐耐久。

钢构件防腐处理 表 2.2

序号	涂装过程	设计要求	符合标准	备注
1	表面净化处理	无油、干燥	《热喷涂 金属零部件表面的预处理》 GB/T 11373	石英砂，不得重复使用
2	喷砂除锈	Sa2 $\frac{1}{2}$	《涂覆涂料前钢材表面处理 表面清洁度的目视评定》 GB/T 8923	
3	无机富锌底漆	分 2 道：室内 $80\mu m$，室外 $120\mu m$	要求耐盐雾试验达到 10000h；要求耐老化试验达到 10000h	底漆应符合《建筑用钢结构防腐涂料》JG/T 224 高压无气喷涂长效型底漆的要求
4	环氧云铁中间漆	分 2 道：室内 $80\mu m$，室外 $100\mu m$		

2.4 围护结构技术应用

本工程的内外墙均采用蒸压砂加气混凝土板（简称 ALC 板），外墙采用 150mm 厚板材，内墙采用 100mm、150mm 两种型号的板材。

ALC 板是以水泥、石灰、硅砂等为主要原料再根据结构要求配置添加不同数量经防腐处理的钢筋网片的一种轻质多孔新型的绿色环保建筑材料。经高温高压、蒸汽养护、反应生产具有多孔状结晶的 ALC 墙板，其密度较一般水泥质材料小，且具有良好的耐火、防火、隔声、隔热、保温等性能（表2.3）。ALC条板做墙体，满足非砌筑条件，其中外墙保温可做保温装饰一体板，也可做传统薄抹灰（图2.15）。

ALC条板（B05）性能参数　　　　　　　　　　　　　　　表2.3

名　称	ALC板材（配筋）	
密度级别	B05	
	标准要求	实测值
抗压强度平均值（MPa）	≥3.5	4.0
干密度（kg/m³）	≤525	512
干导热系数	≤0.14	0.13
结构性能	30kg沙袋，500mm落差冲击5次，板面无裂缝	
吊挂力	荷载1000N静置24h无裂缝	
燃烧性能	符合《建筑材料及制品燃烧性能分级》GB 8624—2012 A1级不燃	
规格（mm）	（1800～6000）×600×（75～300）	
图片		

图2.15　ALC条板应用实景照片

2.4.1　连接构造

2.4.1.1　内墙与钢结构连接节点

ALC 内墙与钢结构连接节点分为 U 形卡法、直角钢件法以及管卡法，推荐使用 U 形卡、管卡相结合的方式进行固定。

1）板顶节点（图 2.16）

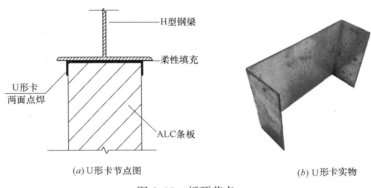

（a）U 形卡节点图　　　　　　　　　（b）U 形卡实物

图 2.16　板顶节点

2）板底节点（图 2.17）

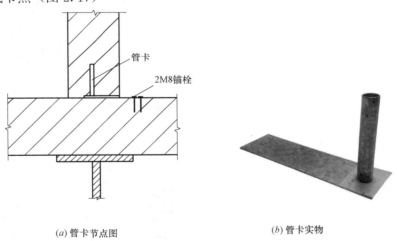

（a）管卡节点图　　　　　　　　　（b）管卡实物

图 2.17　板底节点

2.4.1.2　外墙与钢结构连接节点

本工程层数较少，采用钩头螺栓法即可满足要求。实际中，采用了钩头螺栓＋管卡相结合的方式，一定程度起到了防止开裂的作用（图 2.18）。

2.4.1.3　开槽拼缝连接

1）板缝位置连接

企口接缝处用砂浆灌实，接缝表面用抗裂砂浆及耐碱玻纤网格布加固（图 2.19）。

2）管线开槽位置

管线开槽位置采用抗裂砂浆填充后加设耐碱玻纤网格布（图 2.20）。

3）构造措施

条板隔墙安装长度超过 6m，应设置构造柱（图 2.21）。

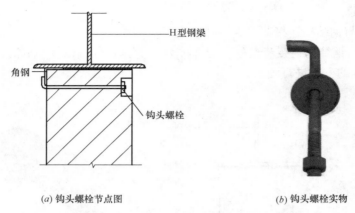

(a) 钩头螺栓节点图

(b) 钩头螺栓实物

图 2.18　外墙与钢结构连接节点

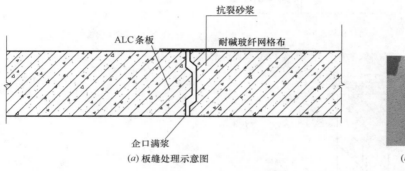

(a) 板缝处理示意图

(b) 板缝处理实景图

图 2.19　板缝位置连接

(a) 管线开槽位置处理

(b) 管线开槽实景图

图 2.20　管线开槽

墙体与钢结构主体交界处采用柔性填充，专用砂浆嵌缝，面层嵌入耐碱玻纤网格布并抹腻子（图 2.22）。

门窗洞口通过过梁形式加固，不同大小的洞口加固方式不同（图 2.23）。

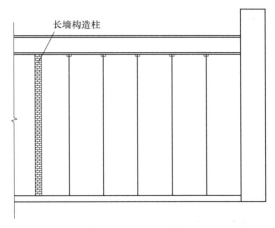

长墙构造柱

图 2.21　构造柱位置

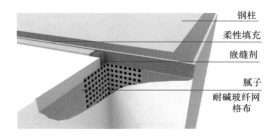

钢柱
柔性填充
嵌缝剂
腻子
耐碱玻纤网格布

图 2.22　衔接界面处理

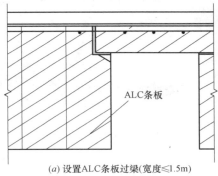

ALC条板

(a) 设置ALC条板过梁(宽度≤1.5m)

(b) 设置ALC条板过梁实景图

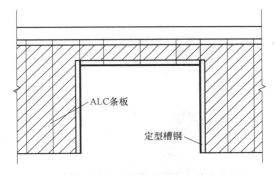

ALC条板

定型槽钢

(c) 墙体门窗洞口采用槽钢加固加强(宽度>1.5m)

(d) 墙体门窗洞口槽钢加固实景图

图 2.23　门窗洞口加固做法

2.4.2　保温装饰一体板

项目外墙保温系统采用保温装饰一体板，其保温材料选用8cm厚石墨聚苯板，面层采用由多层网格布和特种砂浆复合而成的面板，面板表面装饰层采用无机砂浆，可喷涂不同颜色，既能解决建筑的装饰问题，又具备良好的防火性能。一体板采用"粘、挂"结合的方式进行连接（图2.24）。材料物理性能指标如表2.4所示。

保温装饰一体板物理性能　　　　　　　　　　表 2.4

实 验 材 料	试 验 项 目		性 能 指 标
保温装饰一体板	密度（kg/m³）		≥22
	导热系数［W/(m·K)］		≤0.032
	压缩强度（MPa）		≥300
	燃烧性能		B1 级
粘结砂浆	可操作时间（h）		1.5～4.0
	拉伸粘结强度（MPa）（与水泥砂浆）	原强度	≥0.6
		耐水	≥0.4
	拉伸粘结强度（MPa）（与一体板）	原强度	≥0.10 破环界面在膨胀聚苯板上
		耐水	
锚固件	单个锚栓最大拉力（kN）		≥0.6
	单个锚栓对系统传热增加值（kN）		≤0.004

图 2.24　实物照片

夏日晴朗天气，实测外墙处温度为 58.4℃；同一时刻，室内对应同一位置，实测温度 16.5℃。根据工程现场实测，可见其外墙保温系统性能优越（图 2.25）。

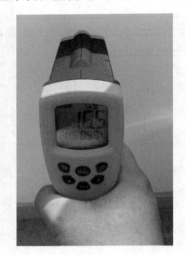

图 2.25　室内外墙体表面温度差别

2.4.3　外墙抗渗漏构造措施

项目采用材料防水＋构造防水双重防水构造，抗渗性能优异（图 2.26、图 2.27）。

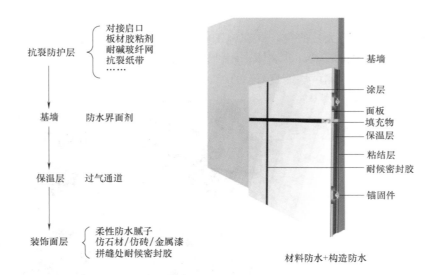

材料防水+构造防水

图 2.26 构造原理

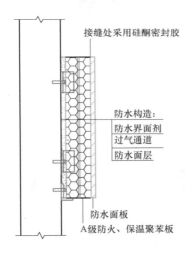

图 2.27 应用实例

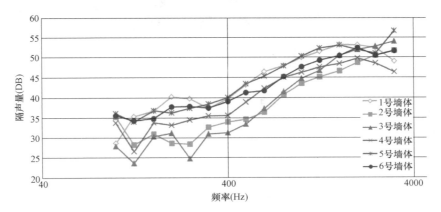

图 2.28 隔声模拟实验数据

2.4.4　隔声构造措施

项目在设计阶段进行大量研究，并在施工前进行了隔声模拟试验，完工后进行了隔声性能测试。找到隔声关键因素，即墙体密闭性以及板缝的构造处理。完工后经过专业机构检测并出具了检测报告，隔声性能良好（图2.28、图2.29）。

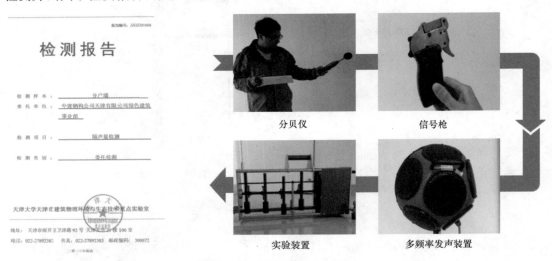

图 2.29　隔声检测过程及报告

2.5　设备管线系统技术应用

2.5.1　快装给水工艺

表 2.5

快装给水工艺

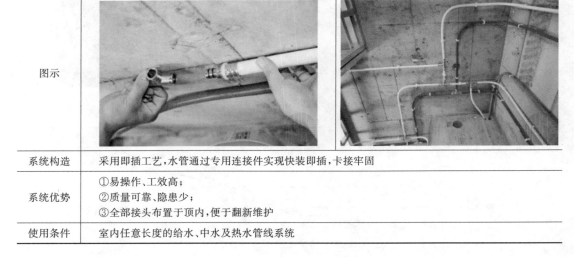

图示	
系统构造	采用即插工艺，水管通过专用连接件实现快装即插，卡接牢固
系统优势	①易操作、工效高； ②质量可靠、隐患少； ③全部接头布置于顶内，便于翻新维护
使用条件	室内任意长度的给水、中水及热水管线系统

2.5.2　薄法排水系统

户内供暖末端为地板辐射供暖系统，该技术是一项新兴采暖技术，由于其具有节能环保、健康舒适、简便耐用等优越性，近几年得到广泛的认可和应用。公寓楼利用地源热泵系统提供的35～45℃温度的供回水作为各房间的采暖热源，其原理是科学分布于地面层的热水管道首先均匀辐射加热整个地面,再以整个地面为散热器,利用地面自身的蓄热和热量向上辐射的规律由下至上进行传导,来达到取暖的目的,在室内形成从脚底至头部逐渐递减的温度梯度,舒适感强。并且各户设置温控器,实现分户调节,即节能又能满足人们对温度的不同需求(图2.30、图2.31)。

薄法排水系统 表 2.6

图示		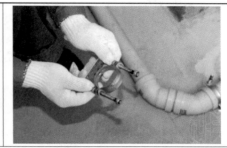
系统构造	①布置:在架空地面下,与其他房间无高差,空间界面友好; ②工艺:同层设置,PP排水管胶圈承插,使用专用支撑件	
系统优势	①同层排水规避排水时下层噪音,提升居住体验质量; ②PP材质耐高温耐腐蚀,胶圈承插施工易操作、隐患少; ②薄法设计,空间利用率高,检修维护方便	
使用条件	室内任意长度的给水、中水及热水管线系统	

图 2.30 地暖温控器图

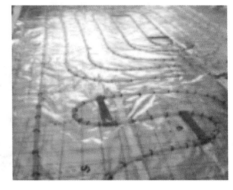

图 2.31 低温水媒地板辐射采暖现场施工图

2.5.3 管线分离干作业安装技术

项目以传统的管线内嵌装修为主,但在样板间采用了采用SI分离全干作业的工业化内装技术(图2.32)。

2.6 工业化内装技术应用

项目采用了建筑设计与装修设计一体化的方式建造施工。在建筑设计之初,明确建筑的使用功能;施工建造过程中,室内所有管线全部预埋,实现装修时插座零拆改,无任何水电改造等施工,同时,综合家具尺寸与功能房间的合理布置,与建筑功能实现了完美融合施工。

项目部分房间尝试了工业化内装系统,即采用干式工法,将工厂生产的内装部品在现场进行组合安装的装修方式(图2.33、图2.34)。

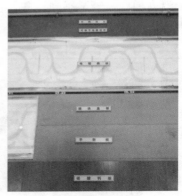

(a) 集成墙面系统　　　　　　　　　　　　(b) 集成地面系统

图 2.32　管线分离

图 2.33　工业化内装体系

图 2.34　实际完成效果

3 信息化技术应用

3.1 设计阶段 BIM 技术应用

采用 Autodesk Revit 等软件创建建筑、结构、给水排水等可视化信息模型，在建筑模型中自动生成三视图、大样图等相关信息，进而对项目进行材料统计、工程量计算、造价计算等。基于 BIM 技术的设计信息管理模块，将部分三维碰撞检测结果和 RFI（信息邀请书）进行联动，提前发现设计阶段的部分碰撞问题，实现了 RFI 中的 2D 图片与 3D 模型进行链接，查看 3D 模型中的碰撞点和及时获取相应的信息（图 2.35、图 2.36）。

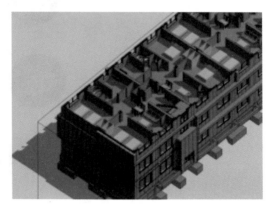

图 2.35 BIM 三维模型

3.2 全过程信息化管理关键技术

注重信息化与建筑工业化的深度融合，自主研发了钢结构全生命期信息化管理平台，以信息化的手段促进钢结构工业化水平的提升（图 2.37）。

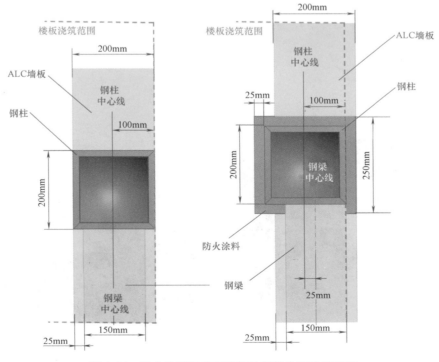

图 2.36 防火涂料影响下的部品部件位置关系调整

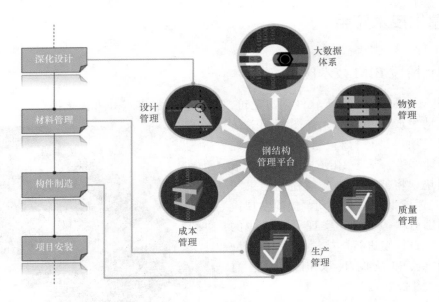

图 2.37　全过程信息化管理原理图

4　构件生产、安装施工技术应用

本项目钢管柱使用冷弯成型方钢管，钢柱以三层半为一节。钢梁采用热轧 H 型钢，部分采用焊接 H 型钢，梁柱节点处采用梁贯通式。现场安装采用翼缘焊接、腹板螺栓连接的做法。

4.1　主体钢结构施工

(a) 钢结构进场

(b) 首层钢柱吊装

图 2.38　主体钢结构施工流程图（一）

(c) 地脚螺栓固定

(d) 钢梁吊装

(e) 下节钢柱安装

(f) 安装完成

图 2.38 主体钢结构施工流程图（二）

4.2 墙板施工

ALC 条板安装工艺流程   表 2.7

1. 放线	2. 锯板
基线与楼板底或梁底基线垂直,保证安装墙板平整和垂直度	当墙板端宽度或高度不足一块整板,应使用补板,根据要求用手提锯切割

续表

3. 安装连接件	4. 上浆、装板
墙板顶部预留安装孔，钩头螺栓在板内预先定位；墙板底部在每块板距板端 80mm 位置处安装关卡连接件	将调好的砂浆抹在墙板凹凸槽和地板基线内，立起条板，上下对好基线

5. 就位	6. 校正
挤靠墙板，挤出并刮去砂浆，最后用木楔将墙板临时固定	墙板初步拼装好后，要用专业铁撬进行校正，用 2m 的靠尺检查平整度；铁撬校正后再用木楔及钢筋上下固定

7. 固定	8. 灌浆补缝
墙面校正平整后，焊接固定板顶的钩头螺栓或 U 型卡	专用砂浆填补板间缝隙；墙体与钢框架间隙采用柔性材料填充并，用专用砂浆嵌缝

9. 贴防裂布	10. 开槽埋线管
结合缝砂浆灌浆完毕，待 3～5 天干缩定型后，用粘接砂浆将玻纤网格布贴在板的接缝处	埋设暗管线、开关盒时，可用手提电锯切割线槽安装，待装好后用砂浆找平，并用耐碱玻纤网格布加固

11. 抹灰、涂料	12. 装门框/窗框
最后涂装涂料即可，如贴瓷砖无须挂灰，直接用水泥浆将瓷片贴在墙板上即可	墙板能满足安装各种门框、门套的要求

续表

条板安装顺序

安装顺序:按排板图在地面及顶棚版面上放线;条板应从主体墙、柱的一端向另一端按顺序安装;当有门洞口时,宜从门洞口向两侧安装,门洞两侧宜用整块板材

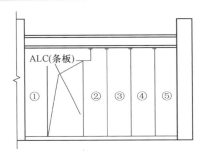

4.3　保温装饰一体板施工

保温装饰一体板采用"粘、挂"结合的方式进行连接,粘贴采用"点框法"。施工流程:基层处理、找平层——按排板图、挂角线、设控制线——安装托架、粘贴一体板——锚固件安装、塞聚乙烯泡沫棒——粘美纹纸、打密封胶——喷封闭涂层——交工验收。

(a) 一体板背面开槽　　　　　　　(b)"点框法"粘接砂浆

图 2.39　保温装饰一体板施工流程图(一)

(c) 一体板粘贴　　　　　　　　　　　(d) 锚固后板缝打胶

图 2.39　保温装饰一体板施工流程图（二）

4.4　可拆卸式钢筋桁架楼承板

相比压型钢板和传统桁架楼承板，可拆卸桁架楼承板不仅施工现场免支模，而且它的底模可拆除回收循环利用，避免了后续吊顶施工，极大地提高了施工效率。

施工流程：桁架楼承板进场→起吊及临时设置→桁架楼承板安装→栓钉焊接→管线敷设→边模板设置→附加钢筋工程→设置临时支撑边模板设置→附加钢筋工程→设置临时支撑→验收→混凝土浇筑→拆除底模板。

(a) 材料吊运　　　　　　　　　　　(b) 楼承板铺设

(c) 栓钉焊接　　　　　　　　　　(d) 管线、附加钢筋铺设

图 2.40　钢筋桁架楼承板施工流程图（一）

(e) 设置临时支撑(跨度较大时设置)

(f) 浇筑混凝土

(g) 底板拆除

(h) 成型面效果

图 2.40　钢筋桁架楼承板施工流程图（二）

5　效益分析

5.1　成本分析

公寓楼共 2 栋。其中 1 号公寓楼主体结构为混凝土结构，内外墙体采用蒸压加气混凝土砌块，楼板为现浇混凝土楼板，外保温采用保温装饰一体板（80mm 石墨聚苯板）；2 号公寓楼主体结构为钢结构，内外墙体采用的 100mm/150mmALC 板材，楼板采用可拆卸式楼承板，外保温采用保温装饰一体板（80mm 石墨聚苯板），根据上述两栋建筑实际发生成本进行对比，数据如表 2.8 所示。

根据分析，建安成本（包含主体结构、二次结构、外保温、专业分包等工程）装配式钢结构建筑相比传统混凝土现浇建筑高出约 4.91%。建安成本（仅包括主体结构、二次结构）装配式钢结构建筑相比传统混凝土现浇建筑高出约 14%，其主要的影响因素为钢结构、ALC 板材以及精装修的成本略高，其中，抗震设防烈度为 7 度半的多层钢结构主体结构相比现浇混凝土主体结构高出约 100 元/m²，ALC 板材相比加气砌块、抹灰高出约 60 元/m²，精装修方面，钢结构建筑相比混凝土建筑单位成本高出约 100 元/m²。

工程造价对比表 表 2.8

序号	项目名称	造价(万元)		单位建筑面积造价(元/m²)			
		混凝土建筑	钢结构建筑	混凝土建筑	钢结构建筑	占比	差价
	合计	716.29	1204.38	2931.41	3144.19		212.78
1	建安成本(2+3+4+5)	542.56	892.31	2220.43	2329.47	100.00%	109.05
2	主体结构	272.09	472.67	1113.51	1233.95	52.97%	120.45
3	二次结构/AAC	52.47	107.77	214.75	281.34	12.08%	66.59
4	传统保温/保温装饰一体板	74.72	103.84	305.79	271.09	11.64%	−34.70
5	专业分包工程 (包含桩基、机电、消防、 给水排水、门窗、采暖工程)	143.28	208.03	586.38	543.09	23.31%	−43.29
6	精装修工程	173.73	312.08	710.99	814.72	34.97%	103.73
备注:本工程钢材购买时间为 2014 年,当时钢材价格比目前高约 500 元/t,其影响价格为 30~40 元/m²							

5.2 用工分析

钢结构建筑相比现浇混凝土建筑施工工艺更加简单,质量更加可控,用工种类更少,用工工时更省,以中建钢构天津有限公司公寓楼为例,进行详细分析:

1)施工工艺更加简洁

如图 2.41 所示两个流程图可以看出,相比混凝土结构的施工工艺,钢结构更加简洁。

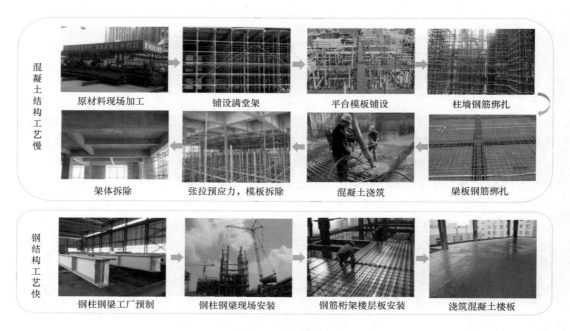

图 2.41 流程对比

2）用工种类更少

从图2.42、图2.43对比可以看出，相比混凝土结构，钢结构的用工种类更少。

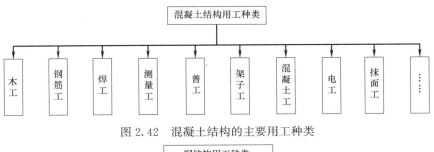

图2.42 混凝土结构的主要用工种类

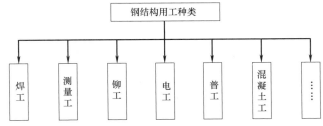

图2.43 钢结构的主要用工种类

3）用工工时更省、工人产量更高

通过中建钢构有限公司天津厂公寓楼施工过程的详细统计，其用工节约可达35%，工人产量提升近3倍，用工、工人产量的对比情况如表2.9所示。

用工对比分析表　　　　　　　　　　　　　　　表2.9

序号	项目	多层建筑（6层）	
		混凝土建筑	钢结构建筑
1	主体结构施工时间（月）	1.3	0.7
2	高峰期用工情况（人）	60	40
3	工人产量[m²/(人·月)]	40	150
4	用工节约情况	节约近35%	

备注：混凝土建筑的建筑面积2353m²，钢结构建筑的建筑面积3647m²

5.3 用时分析

通过对比，主体结构钢结构工时工效比混凝土结构提升约37%，建筑整体，钢结构工时工效比混凝土结构提升约42%，具体的对比分析如表2.10所示。

工时工效对比分析表　　　　　　　　　　　　　表2.10

序号	混凝土建筑		钢结构建筑	
1	专业	工时工效（人·h）	专业	工时工效（人·h）
2			土建	11465
3	土建	18560	钢结构	3016
4			可拆卸楼承板	3510

序号	混凝土建筑		钢结构建筑	
5	主体结构用工工时	18560	主体结构用工工时	17991
6	小计每平方米用工工时	7.89	小计每平方米用工工时	4.93
7	二次结构	6870	ALC墙板	4680
8	机电专业	1210	机电专业	1350
9	整体结构用工工时	26640	整体结构用工工时	24021
10	总计每平方米用工工时	11.32	总计每平方米用工工时	6.58

备注:混凝土建筑的建筑面积 2353m², 钢结构建筑的建筑面积 3647m²

5.4 "四节一环保"分析

本项目针对寒冷地区的钢结构装配式建筑,集成地源热泵、低温水媒采暖、智能家居、透水路面、雨水回收、自然通风、新风系统等 7 种以上绿色建筑元素的设计与施工技术。根据"四节一环保"分类,其中"节能"技术有地源热泵、低温水煤地板辐射采暖、LED 光源、智能家居;"节地"技术有建筑平面布局设计;"节水"技术有节水器具、透水路面、雨水回收;"节材"技术有可拆卸钢筋桁架楼承板底模回收、钢结构主体、ALC条板与保温装饰一体板的模数化生产安装;"保护环境"技术有自然通风设计等。

【专家点评】

中建钢构天津厂公寓楼位于天津市西青区,属于寒冷地区,为 6 层钢结构装配式住宅,单栋建筑面积 3646.83m²,抗震设防烈度 7 度 (0.15g)。建筑立面采用现代主义风格,户型方正、布局合理,整体得房率相较于传统建筑提高约 6%。

公寓楼采用公司自主研发的装配式全钢体系建造,发挥了其轻质高强、空间利用率高、抗震性能优越、工业化程度高、施工周期短、现场湿作业少、绿色环保的特点。

公寓楼采用工程总承包模式,总承包单位为中建钢构有限公司。设计单位为中国建筑上海设计研究院,深化设计单位为中建钢构有限公司,施工单位为中建钢构有限公司,预制构件生产单位为中建钢构天津有限公司。

该项目采用了中建钢构自主研发的多层装配式绿色钢结构住宅体系,由结构体系、三板体系、绿色技术组成。主体结构采用钢框架体系,钢柱与钢梁的连接节点采用栓焊连接。楼梯采用钢楼梯,楼板采用可拆卸式钢筋桁架楼承板。基础为桩基。内外墙均采用ALC 条板,外墙采用 150mm 厚板材,内墙采用 100mm、150mm 两种型号的板材。

建安成本(仅包括主体结构、二次结构)方面,装配式钢结构建筑相比传统混凝土现浇建筑高出约 14%,其主要的影响因素为钢结构本身和 ALC 板材。可见钢结构住宅在成本可控的前提下,大大提高了建筑品质。

在建筑节能方面,以建筑全生命周期为出发点,包括建筑的设计、施工、装修、运营以及拆除各个方面,公寓楼融入多种被动式节能技术如透水路面和主动式节能技术如地源热泵等,真正满足绿色建筑评价标准中的在建筑的全生命周期内实现"四节一环保"的相关要求。

　　该项目是一个典型的装配式钢框架结构体系的住宅建筑，结构体系选型合理，三板体系经济实用，配套的建筑、机电等系统节能绿色环保，较好地诠释了一个多层装配式钢结构住宅体系的总承包过程。

（王立军　华诚博远工程技术集团有限公司总工程师）

　　案例编写人：

　　姓名：许航

　　单位名称：中建钢构有限公司

　　职务或职称：装配式建筑事业部总经理

第三章 钢框架—支撑体系

【案例2】 酒钢兰泰苹果园棚户区改造项目一期工程

摘 要

本案例中酒钢兰泰苹果园棚户区改造项目由中建科技集团有限公司采用国际通行的工程总承包（EPC）方式实施。项目建筑主体部分采用钢框架—中心支撑结构体系，内外墙全部采用蒸压加气混凝土板拼装，实现地上部分全装配式施工技术。

通过系统集成设计方法，本项目充分利用结构体系的优势，优化了现有户型。结构体系中通过柱网的合理分布设置，使平面户内无柱，户内空间可灵活、自由分隔。模数化、模块化、部品化、序列化的户型设计使得户型多样化得以实现。

结构体系的选取从"系统最优"出发，针对建筑平面规则性的不足选取对应的结构体系。结构框架柱采用方钢管混凝土柱，充分利用材料的物理力学性能。结构分系统地选取平衡建筑功能需求与结构体系要求，实现良好的结构合理性与经济性。结构的承载力、抗震性能及防火防腐等也得到保障。

1 典型工程案例简介

1.1 基本信息

  （1）项目名称：酒钢兰泰苹果园棚户区改造项目一期工程

  （2）项目地点：兰州城关区东岗镇东岗立交以北

  （3）开发单位：酒钢集团兰州聚东房地产开发有限公司

  （4）设计单位：中国建筑西北设计研究院有限公司

  （5）深化设计单位：中建建筑工业化设计研究院

  （6）施工单位：中国建筑股份有限公司

  （7）预制构件生产单位：（钢构件）酒钢集团筑诚兰州钢结构分公司

  （8）进展情况：塔楼标准层主体施工阶段

1.2 项目概况

  酒钢兰泰苹果园棚户区改造项目位于兰州城关区东岗镇。用地北邻 B669 号规划城市道路，南邻东岗东路，东面为 B694 号城市道路，并被 T692 号规划道路划分为两个地块，分别为西区地块和东区地块，如图 3.1 所示。用地面积 21600m²，建筑面积为

121092.78m²，共 5 栋楼以及商业和其他配套组成，4 号楼为高层商住综合楼、6 号和 9 号楼为带底商高层住宅楼、12 号楼为高层住宅楼，建筑高度 97.8m（最高），设防烈度 8 度，地上部分为钢框架—中心支撑结构体系，内外墙全部采用蒸压加气混凝土板拼装，实现地上部分全装配式施工技术。

图 3.1　鸟瞰图

1.3　工程承包模式

本项目采用国际通行的工程总承包（EPC）方式实施，工程总承包单位中建科技集团有限公司对工程项目的设计、采购、施工等实行全过程的承包，并对工程的质量、安全、工期和造价等全面负责。

2　装配式建筑技术应用情况

2.1　主体结构技术应用

2.1.1　建筑系统

在住宅建筑中，户型设计是建筑系统集成设计的基础，考虑到本项目的特点，我们确定了以下原则：

（1）首先，必须解决现有户型的"硬伤"；

（2）其次，要符合钢结构工业化、模数化、模块化、标准化、系列化的要求；

（3）第三，相同面积、相同居室、相似布局条件下，户型优于原方案。

通过系统集成设计，实现了以下目标：

（1）去掉或优化南侧开缝，优化采光、通风，提升居住品质；

（2）利用钢结构优势，将柱网设置在外墙和分户墙上，户内无柱，大空间灵活分隔（图 3.2）；

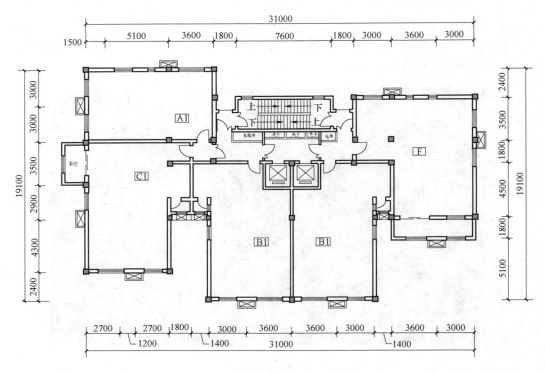

图 3.2　户型平面布置图

（3）模数化、模块化、部品化、序列化。4 栋高层住宅共计 847 户，采用 14 种户型，实现了户型的多样化（图 3.3～图 3.5）。

立面系统的多样化表达：

建筑工业化不等于千篇一律，不是千城一面，而是可以提供多样化的系统解决方案。本项目在坚持"标准化设计"的同时，力求实现"立面多样化"（图 3.6）。

2.1.2　结构系统

1）结构系统概述

本工程高层住宅楼均采用钢框架—中心支撑结构体系，钢结构房屋抗震等级为一级。建筑抗震设防类别为丙类（4 号楼局部乙类），按抗震设防烈度 8 度（0.20g）计算地震作用，按抗震设防烈度 8 度采取抗震措施。

每幢建筑物的层数、高度、结构体系、基础形式等见表 3.1、表 3.2。

2）规则性判断

（1）平面规则性：本工程为满足建筑工程需要、采光、通风等需求，建筑平面布置规则性较差，部分位置钢柱难以布设在同一轴线上，导致钢梁难以拉齐，影响结构受力。

（2）竖向规则性：本项目 4 号有三层商业裙房、6 号有二层商业裙房，在商业裙房以上，结构无缩进，竖向刚度连续。

3）结构体系选取

本项目采用钢管混凝土柱框架—中心支撑结构体系，框架柱采用方钢管混凝土柱，钢梁采用窄翼缘 H 型钢梁，支撑为箱型钢支撑，梁柱选取适当的截面型式，使之受力更为

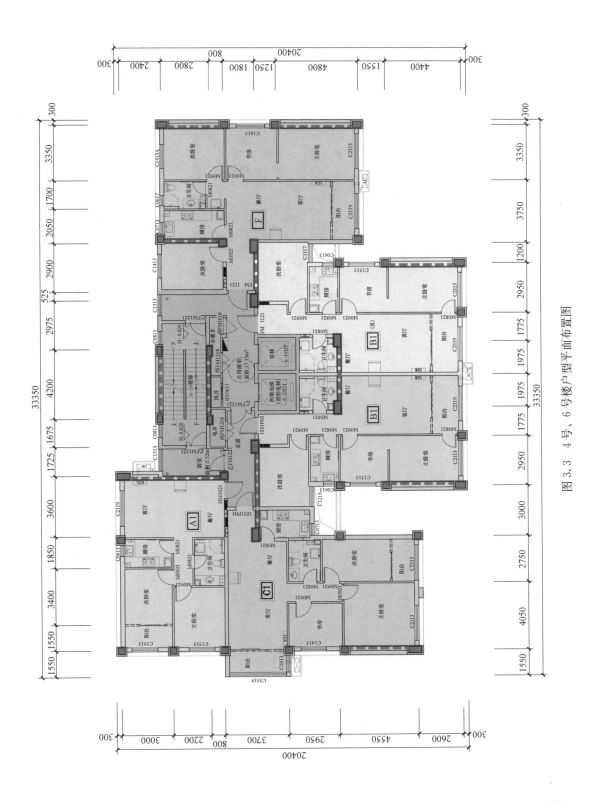

图 3.3　4 号、6 号楼户型平面布置图

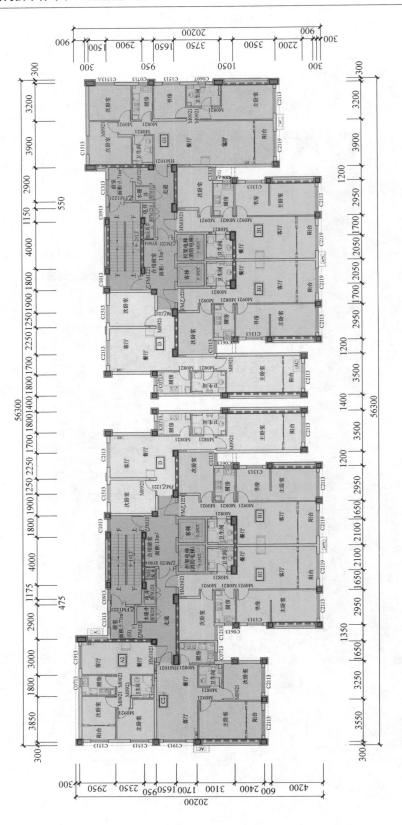

图 3.4　9 号楼户型平面布置图

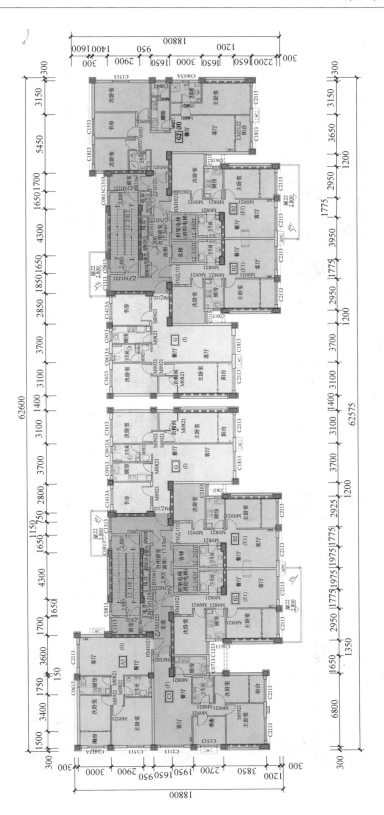

图 3.5　12 号楼户型平面布置图

图 3.6　立面系统的多样化效果图示例

合理，节点构造更加简单。本结构体系的选择更多地是从"系统最优"的角度来确定和决策，针对建筑平面规则性较差的情况，有针对性地选取方钢管混凝土柱、框架中心支撑、大板体系等结构分系统来协调建筑功能需求和结构体系的合理性。同时，将钢管混凝土柱外移，钢柱内皮与住宅外墙内皮平齐，钢梁外刷防火涂料加外敷 5cm 厚 ALC 防火板及填充保温隔声板，并与主要居室的外墙和内墙表面平齐，做到了柱子外凸、梁内藏，满足建筑功能需求。以下将从各个结构体系分系统介绍。

本项目典型结构平面布置见图 3.7。

各单体建筑几何信息表　　　　　　　　　　　表 3.1

楼号	地上层数	地下层数	高度 (m)	长度 (m)	宽度 (m)	高宽比	结构体系	基础形式
4 号楼	29	2	91.63	31.6	17.1	5.35	钢管混凝土柱 钢框架—中心支撑	桩筏基础
4 号楼裙房	3	2	14.7	33.6	22.2	0.66	钢框架	桩基础
6 号楼	32	2	94.73	32.1	17.2	5.25	钢管混凝土柱钢框架—中心支撑	桩筏基础
6 号楼裙房	2	2	7.8	12.7	13.8	0.57	钢框架	桩基础
9 号楼	32	2	94.73/ 93.03	28/26.5	17.8/ 17.4	5.33/5.35	钢管混凝土柱钢框架—中心支撑	桩筏基础
12 号楼	33	1	95.93	31/29.1	14.9/ 14.7	6.46/6.52	钢管混凝土柱钢框架—中心支撑	桩筏基础
地下车库	0	2					混凝土框架	桩基础

结构混凝土强度等级　　　　　　　　　　　表 3.2

位置	混凝土强度等级		
基础垫层	C15		
桩、基础、地下室部分混凝土	桩、基础 C35，墙、柱 C50，梁板 C40		
构造柱、圈梁	C20		
楼层	层位区域	混凝土墙柱	楼板
	1~6 层	C50	C30
	7~12 层	C45	C30
	13 层以上	C40	C30

（1）框架柱采用方钢管混凝土柱

① 承载力高，可降低柱截面尺寸

混凝土的抗压强度高，但抗弯能力很弱；钢材的抗弯能力强，具有良好的弹塑性，但在受压时容易失稳而丧失轴向抗压能力。钢管混凝土将二者的优点结合在一起，使混凝土处于侧向受压状态，其抗压强度可成倍提高。同时由于混凝土的存在，提高了钢管的刚度，两者共同发挥作用，从而大大地提高了承载能力，降低柱截面尺寸。

② 提升钢管抗火性能

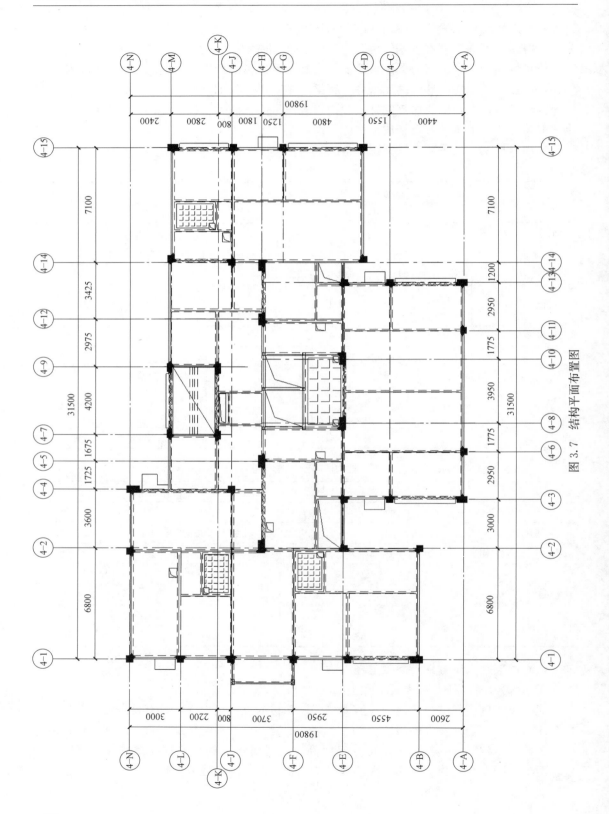

图 3.7 结构平面布置图

由于钢管内填有混凝土，能吸收大量的热能，因此遭受火灾时管柱截面温度场的分布很不均匀，增加了柱子的耐火时间，减慢钢柱的升温速度，并且一旦钢柱屈服，混凝土可以承受大部分的轴向荷载，防止结构倒塌。组合梁的耐火能力也会提高，因为钢梁的温度会从顶部翼缘把热量传递给混凝土而降低。

③ 提升钢管耐腐蚀性能

由于钢管内填有混凝土，将钢管内部钢材覆盖，起到了保护层的作用，可以有效提高钢管的耐腐蚀性能。

④ 提升整个建筑的隔声性能

在空心钢管内灌注混凝土，可以提升建筑的隔声性能，改善建筑的使用品质。

（2）采用钢框架—中心支撑结构体系

① 中心支撑结构体系侧向刚度大

中心支撑在水平荷载作用下，通过刚性楼板或弹性楼板的变形协调与框架共同工作，形成双重抗侧力结构体系。支撑杆中不产生弯矩和剪力，只产生轴向力。中心支撑框架既具有框架的受力特性和变形特征，又有铰接桁架的受力特性和变形特征，结构的侧向刚度大，有利于抗震性能的提高。

② 中心支撑结构体系有利于建筑平面布置

相较于偏心支撑体系，选取中心支撑体系可以减少支撑的布置数量，有利于建筑平面的布置，同时采用人字撑和跨层 X 撑支撑形式，支撑设置位置合理地考虑了户型的设置，利用分户墙和无外窗的外墙设置钢斜撑，避开建筑门窗洞口，有利于建筑功能的实现，减少了对建筑格局的影响。

（3）大板体系

① 在结构布置中尽量减少小次梁、小板的布置，采用大跨度钢梁布置，提高结构板跨，使用大板体系。经过计算，使用大板体系后，楼板配筋基本按最小配筋率，相较于小次梁—小板分割体系，提高了结构体系的经济性。

② 使用大板体系，可以使建筑户内房间布置灵活分隔，建筑自由度大大提高。

（4）结构传力体系

通过以上结构分体系的选取，确定了钢管混凝土柱框架—中心支撑结构体系，其中，钢管混凝土柱框架—中心支撑承担水平力，提供抗侧刚度，钢管混凝土柱框架承担竖向力，依次将荷载传递至楼板、钢梁、钢管混凝土柱、基础。

（5）该结构体系经济性良好

在建筑平面规则性较差的现实情况下，通过选取方钢管混凝土柱、框架中心支撑、大板体系等结构分系统，减少了主要受力结构构件的数量，提高了结构整体工作性能，减轻了结构体系自重，再加上分隔墙、外围护系统也使用轻质材料，从而降低了结构含钢量，使得整体结构体系拥有较好的经济性。

4）防火、防腐措施

（1）防火措施

① 本工程耐火等级Ⅰ级，建筑分类为一类，承重柱的耐火极限为 3.0h，梁的耐火极限不小于 2.0h，板的耐火极限不小于 1.5h，钢支撑耐火极限为 2.0h。

② 采用厚涂型钢结构防火涂料，涂层厚度根据耐火试验数据确定，且应按现行国家

标准《钢结构防火涂料应用技术规程》CECS 24 和《高层民用建筑钢结构技术规程》JGJ 99推算的较大值来确定实际构件的防火保护层厚度。

③ 防火涂料要依附于封闭漆表面，要求防火涂料与封闭漆必须相容。

④ 所有防火涂料产品均应通过国家消防部门的检验和认证。

⑤ 构件高度大于1500mm的部位防火涂层内应采取设钢丝网与钢柱腹板相连等措施防止涂层脱落。

⑥ 防火涂料的粘接强度不得小于 0.05MPa；抗压强度应符合国家现行标准《钢结构防火涂料应用技术规程》CECS 24 的规定；施工验收标准按照《钢结构工程施工质量验收规范》GB 50205—2001 第 14.3 节的规定执行。

⑦ 所有钢结构防火涂料使用年限不得小于 15 年，超过防火涂料使用年限后应进行年检，确认失效后应复涂。

⑧ 在每层钢管混凝土柱下部的钢管壁上，应对称开两个排气孔，其孔径为 20mm，其位置宜位于柱与楼板相交位置上方及下方 100mm 处，并应沿柱身反对称布设，提高钢管混凝土柱的防火能力。

（2）防腐措施

本工程涂装要求防腐年限不小于 25 年。根据《色漆和清漆-防护涂料对钢结构的防腐蚀保护》ISO 12944，防腐年限不小于 25 年属于超长期（VH）耐久性要求。在中低级腐蚀级别的大气环境下，对于经喷射处理的碳钢基材，选用富锌底漆时涂料体系的最小涂装道数和额定干膜厚度应满足涂装道数不少于 2 道，额定干膜厚度为 200μm。本工程中结构用主构件需进行喷珠（砂）后喷涂油漆处理，不得以手工除锈，洁度须符合《涂覆涂料前钢材表面处理 表面清洁度的目视评定》GB/T 8923 Sa2.5 级规定。涂装底漆：无机富锌防锈底漆二道，干膜厚度不小于 $2\times50\mu m$，固体含量≥85％；中间漆：环氧云铁中间漆二道，干膜厚度不小于 $2\times40\mu m$；面漆（用于非防火部分）：聚硅氧烷面漆一道，干膜厚度不小于 80μm，固体含量≥80％。

5）结构整体计算

（1）常规计算

结构主要荷载布置情况见表 3.3 和表 3.4。主楼与裙楼通过设置变形缝脱开，地下室连为一体。

<table>
<tr><td colspan="3" style="text-align:center">屋面及楼面均布活荷载标准值</td><td>表 3.3</td></tr>
<tr><td colspan="2" style="text-align:center">类别</td><td colspan="2" style="text-align:center">活荷载标准值（kN/m²）</td></tr>
<tr><td rowspan="2">屋面</td><td>不上人屋面</td><td colspan="2">0.5</td></tr>
<tr><td>上人屋面</td><td colspan="2">2.0</td></tr>
<tr><td rowspan="6">楼面</td><td>住宅</td><td colspan="2">2.0</td></tr>
<tr><td>商业网点</td><td colspan="2">3.5</td></tr>
<tr><td>卫生间</td><td colspan="2">2.5</td></tr>
<tr><td>住宅阳台</td><td colspan="2">2.5</td></tr>
<tr><td>走廊、门厅、前室</td><td colspan="2">2.0</td></tr>
</table>

续表

类别	活荷载标准值(kN/m²)
消防疏散楼梯	3.5
电梯机房	7.0
消防车	20
地下室覆土顶板（覆土 1.8m）	32

注：水箱及其他重大设备按实际荷载计算。

建筑隔墙恒荷载标准值　　　　　　　　　　　　　　表 3.4

墙体部位		墙体材料	恒荷载标准(kN/m)
外围护	300 厚 ALC 条板	蒸压加气混凝土 ALC 条板	7.5(待定)
分户墙	150 厚 ALC 条板		3.8(待定)
户内隔墙	100 厚 ALC 条板		2.7(待定)

常规计算结果显示，该结构体系在小震弹性相应范围内，各项参数指标满足现行规范要求，主要受力构件受力工作性能良好，钢梁应力比控制在了较为合理的范围。框架柱最大轴压比不超过 0.70；框架柱应力比小于 0.85，框架梁应力比小于 1.0，支撑应力比小于 0.80；周期比小于 0.90；考虑偶然偏心规定水平力作用下结构最大位移比小于 1.5；地震作用下结构最大层间位移小于 1/300。

（2）大震计算

以本项目 12 号楼为例，采用有限元软件佳构 STRAT7.0 进行大震弹塑性时程分析，验证结构大震不倒的性能目标。

经过弹塑性大震时程分析，结论如下：

① 结构变形为 1/60，小于规范限值 1/50，可实现大震不倒的目标；

② 结构具有良好的塑性耗能机制，且梁的耗能远大于柱的耗能，体现了强柱弱梁的设计准则；

③ 大震下的基底剪力约为小震的 5 倍左右，在合理的范围之内；

④ 由于其他栋的结构体系、布置及结构高度等相近，故其他各栋会有相似。

6）节点设计

钢结构是由钢板、型钢等钢构件通过不同形式的连接制成基本构件（钢梁、钢柱、钢桁架等），再运输到施工现场，通过吊装安装连接成结构整体。钢结构连接节点是钢结构设计的主要内容。

在此，主要将本工程主要的节点设计详图进行介绍（图 3.8～图 3.10）。

2.2　围护结构技术应用

我们有针对性地研发了 ALC 组装单元体板，使得单元体内板缝间填充物理论上不受力、实际情况受力最小化，实现单元体内密缝拼接、专用砂浆嵌缝的安装措施，从而根本性地解决外围护墙体板缝易开裂、渗漏的问题。合理地解决了传统安装方式在地震作用、风载变形和温度变形下的开裂变形问题。

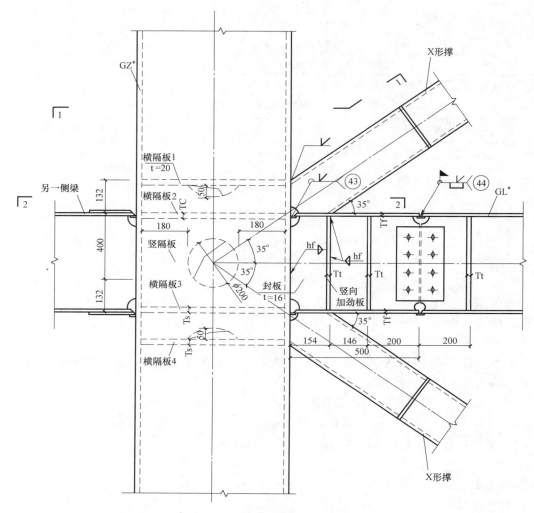

图 3.8　X撑与钢梁钢柱连接详图

2.3　设备系统技术应用

　　装配式建筑除了主体结构外，水暖电专业的协同与集成也是装配式建筑的重要部分。装配式建筑的水暖电设计应做到设备布置、设备安装、管线敷设和连接的标准化、模数化和系统化。施工图设计阶段，水暖电专业设计应对敷设管道做精确定位。在深化设计阶段，水暖电专业应配合预制构件深化设计人员编制预制构件的加工图纸，准确定位和反映构件中的水暖电设备，满足预制构件工厂化生产及机械化安装的需要。

　　装配式建筑应进行管线综合设计，避免管线冲突、减少平面交叉；设计应采用 BIM技术开展三维管线综合设计，对构件内的机电设备、管线和预留洞槽等做到精确定位，以减少现场返工。

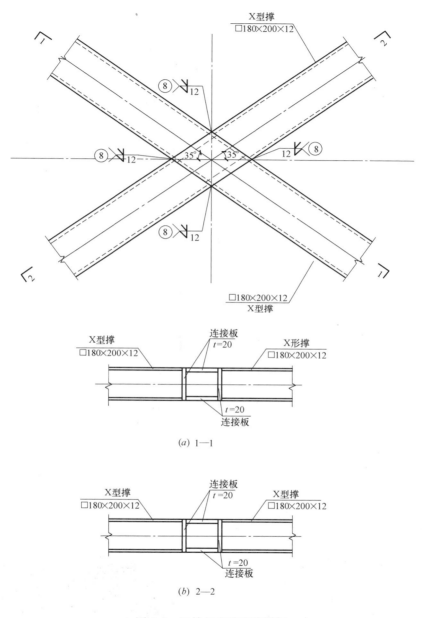

(a) 1—1

(b) 2—2

图 3.9　X撑相交处连接详图

2.4　装饰装修系统技术应用

装配式装修设计思路：装配式项目和传统建筑项目不同，室内设计在建筑设计的初期就要考虑里面的空间布置、家具摆放、装修做法，然后通过装修效果定位各机电末端点位，然后精确反推机电管线路径、建筑结构孔洞预留及管线预埋，确保建筑、机电、装修一次成活，实现土建、机电、装修一体化（图3.11）。

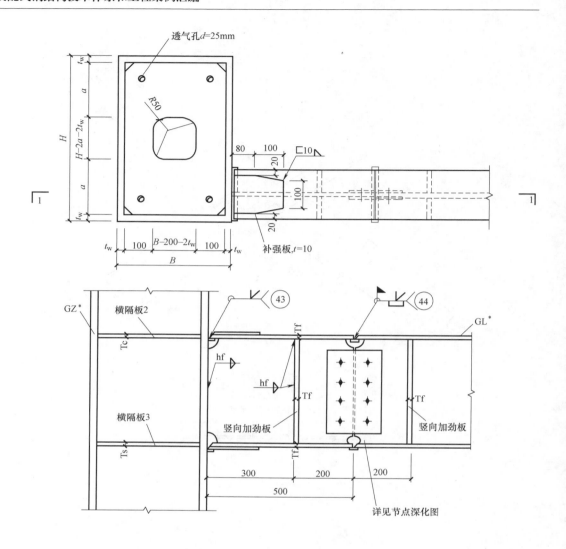

图 3.10　钢柱与钢梁连接节点详图

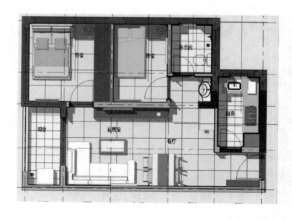
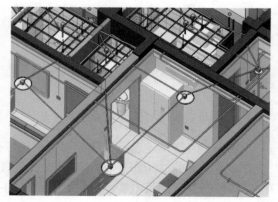

图 3.11　一体化设计图

3　构件生产、安装施工技术应用情况

3.1　钢框架主体结构主要施工过程

3.1.1　钢结构主体施工前准备

（1）技术准备：图纸熟悉和图纸会审；编制钢结构施工组织设计及专项施工方案；焊接工艺评定。

（2）施工准备：施工人员准备；测量基准点交接与测放；钢结构标识。

（3）钢结构进场验收：钢构件由制作厂运至现场，卸车后堆放到现场指定堆场。构件到场后，验收班组按随车货运清单材质报告及资料核对所到构件的数量及编号是否相符，所有构件钢柱、钢梁等重型构件应在卸车前检查构件尺寸、板厚、外观等质量控制要素。如果发现问题，应迅速采取措施，要求制作厂签字确认并在规定时间内完成更换或补充构件，以保证现场施工进度（图3.12）。

（4）钢构件的堆放：构件卸货到指定场地，堆放应整齐，防止变形和损坏。必要时按规定的要求进行支垫，避免构件堆放发生变形。构件堆放应按照梁、柱、支撑等分类堆放。构件堆放时一定要注意把构件的编号、标识外露，便于查看及提高安装效率。构件堆场要进行平整硬化处理，排水要畅通。构件进场后及时清理内部积水、污物，避免内部锈蚀。

3.1.2　钢柱安装

1）预埋件安装

为保证螺栓安装精度，防止土建绑扎钢筋和浇筑混凝土时对锚栓位置造成过大影响，在螺栓安装前应先设置定位套架，且定位套架应有足够刚度和稳定性。锚栓定位套架主要由上下两块横隔板组成，并在横隔板上依据锚栓的截面尺寸预留孔洞，用于锚栓定位。

(a) 检查连接板开孔孔距　　　　　(b) 检查连接板摩擦面

图3.12　钢构件进场验收（一）

(c) 检查油漆喷涂质量和漆膜厚度　　　　　　　(d) 检查焊缝表观质量

图 3.12　钢构件进场验收（二）

在土建进行筏板底筋绑扎时，插入柱脚锚栓预埋施工。锚栓同定位套架一起吊装就位后，经测量校正，将锚栓的定位套架柱脚与筏板上预埋的螺栓点焊固定。

混凝土浇筑到锚杆底部标高位置，在混凝土没有凝固前对锚杆位置再进行测量校正，如发现螺杆位置变化，应微调顶部螺杆的位置，达到要求为止。

混凝土凝固后，对螺杆位置进行测量记录，清理螺杆上的杂物，重新绑扎油布或安装套筒对螺纹进行保护（图 3.13）。

2）钢柱安装

（1）首节柱安装

起吊前调整好螺杆上的螺帽，放置好垫块。起吊时，必须边起钩、边转臂，使钢柱垂直离地。当钢柱吊到就位上方 200mm 时，停机稳定，对准螺栓孔和十字线后，缓慢下落，下落中应避免磕碰地脚螺栓丝扣，当柱脚板刚与基础接触后应停止下落，检查钢柱四边中心线与基础十字轴线的对准情况（四边要兼顾），如有不符要及时进行调整。经调整，

(a) 定位测量　　　　　　　　　　　　(b) 放置预埋件

图 3.13　预埋件安装（一）

(c) 预埋件与底板钢筋焊接　　　　　　(d) 竖向钢筋绑扎

图 3.13　预埋件安装（二）

钢柱的就位偏差在 3mm 以内后，再下落钢柱，使之落实。收紧四个方向缆风绳，楔紧柱脚垫铁，拧紧地脚螺栓的锁紧螺母，收紧缆风绳，并将柱脚垫铁与柱底板点焊，然后通知土建进行下道工序施工（图 3.14）。

(a) 紧固螺母　　　　　　　　　　(b) 钢柱就位调平

图 3.14　首节柱安装

（2）上部钢柱安装

钢柱吊装到位后，对正上下柱中心线，上好夹板，穿上螺栓，及时拉设缆风绳对钢柱进一步进行稳固。已装构件稳定后才能进行下步吊装（图 3.15）。

3.1.3　钢梁安装

为方便现场安装，确保吊装安全，钢梁在工厂加工制作时，应在钢梁上翼缘部分开吊装孔或焊接吊耳，吊点到钢梁端头的距离一般为构件总长的 1/4。

钢梁就位时，及时夹好连接板，对孔洞有少许偏差的接头应用冲钉配合调整跨间距，然后用安装螺栓拧紧。安装螺栓数量按规范要求不得少于该节点螺栓总数的 30%，且不得少于 2 个（图 3.16）。

(a) 1~2层柱安装　　　　　　　　　　(b) 3~4层柱安装

图 3.15　钢柱安装

(a) 2层钢梁安装　　　　　　　　　　(b) 钢梁高强螺栓紧固

图 3.16　钢梁安装

3.1.4　钢支撑安装

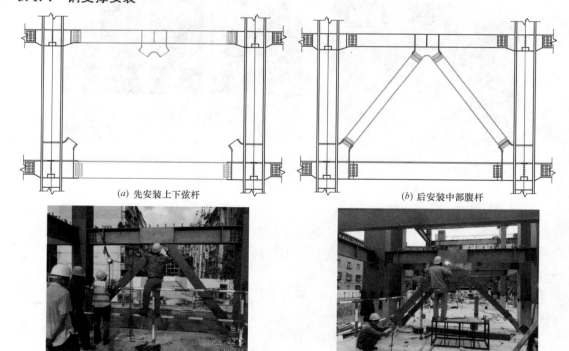

(a) 先安装上下弦杆　　　　　　　　　　(b) 后安装中部腹杆

(c) 斜撑弦杆就位　　　　　　　　　　(d) 斜撑弦杆焊接

图 3.17　钢支撑安装

3.1.5　钢框架总体施工流程

根据本工程结构特点,钢结构施工分为地上及地下两个施工阶段。

基础筏板施工阶段,插入埋件施工,待筏板施工完成后,进行钢柱的安装。

主体施工阶段,钢结构为钢框架体系,安装过程中,梁柱同时施工,即某个区域钢柱安装完成即刻安装钢梁形成稳定的体系,整体上钢结构领先桁架楼承板1～2层施工,桁架楼承板领先混凝土楼板浇筑1～2层施工(图3.18)。

(a)1～2层梁柱施工　　　　　　　　　　　　　(b)3～4层柱安装

(c)3层钢梁安装　　　　　　　　　　　　　(d)4层钢梁安装

图3.18　钢框架安装

3.1.6　楼承板工程施工方法

钢筋桁架楼承板,在性能上具有施工速度快的优势,又具有现浇整体楼板刚度大、抗震性能好的优点,现场施工使钢筋绑扎工作量减少60%～70%,可进一步缩短工期。上、下弦钢筋一般采用热轧钢筋HRB400级,腹杆采用冷轧光圆钢筋,底模板屈服强度不低于260N/mm²,镀锌层两面总计不小于120g/mm²,当板跨超过楼承板施工阶段最大无支撑跨度时需混凝土浇筑单位在跨中架设一道临时支撑。

本工程地下室楼面(包括地下室顶板)采用普通混凝土梁板结构,住宅、商业地上部分楼面及屋面结构采用钢筋桁架楼承板。钢筋桁架楼承板安装穿插于工程总施工工序中进行,即在该层所有柱和梁安装完毕、高强螺栓终拧完毕、焊接完毕报验合格后开始铺设。钢筋桁架板作为混凝土楼板的永久性模板。

1)钢筋桁架楼承板铺设

(1)钢筋桁架楼承板铺设前,必须认真清除钢梁顶面杂物,钢梁上翼缘不应有油污、雨水、霜雪。作业时应该注意安全,安全带挂于安全绳上,待相应安全设施拆除后再行去除安全绳。

（2）钢筋桁架板从靠近中心区域向外铺设，最后处理边角部分。

（3）随主体结构安装施工顺序铺设钢筋桁架楼承板。安装宜在下一节钢珠及配套钢梁安装完毕后进行。对准基准线，安装第一块板，并依次安装剩余板材。板与板之间的连接采用扣合方式，拉钩连接应该紧密。

图 3.19 钢筋桁架楼承板铺设成型

（4）钢筋桁架楼承板铺设时，保证平面绷直，不允许有下凹。封口板、边模、边模补强收尾依施工进度要求（图 3.19）。

（5）钢筋桁架板就位后，应立即将其端部竖向钢筋与钢梁点焊牢固。沿板宽度方向将底模与钢梁点焊，焊接采用手工电弧焊。

（6）待铺设一定面积后，必须及时绑扎附加筋，以防止钢筋桁架侧向失稳。同时必须及时按设计要求设置临时支撑，并确保支撑稳定、可靠。钢筋桁架板现场安装如图 3.20 所示。

(a) 按排板图，放线、铺设钢筋桁架板

(b) 栓钉焊接固定、调直压实

(c) 收边模板施工

(d) 钢筋桁架板清理验收

图 3.20 钢筋桁架板现场安装流程

2）混凝土浇筑

浇筑混凝土前，须把钢筋桁架板上的杂物、灰尘及油脂等其他妨碍混凝土与之结合的物质清除干净；钢筋桁架板面上人员走动频繁的区域，应该铺设垫板，以避免钢筋桁架板受损或变形，从而降低钢筋桁架板的承载能力；钢筋桁架板承重混凝土时，应小心避免混凝土堆积过高以及倾倒混凝土所造成的冲击，应保持均匀一致，以避免钢筋桁架板局部出现过大的变形；倾倒混凝土时，应尽量在钢梁处倾倒，并迅速向四周摊开；混凝土浇筑完成后，除非钢筋桁架板被充分地支撑，否则混凝土在未达到 75％设计极限抗压强度前，不得在楼面上附加任何其他载重；施工时当钢梁跨度大于钢筋桁架板最大无支撑跨度时，在跨中位置设置临时支撑，混凝土达到 75％设计极限抗压强度后，才可拆除临时支撑。

3.2　重要部件的施工组织与质量控制

3.2.1　钢结构涂装方案

钢结构构件除构件在高强螺栓连接范围的接触表面、箱形柱内封闭区以及外包混凝土区或外包砂浆区、现场焊接部位的各个方向 100mm 范围内不在制作厂涂装外，其余部位均在制作厂内完成底漆、中间漆、一道面漆涂装，待钢构件安装完成后，按照设计要求对有涂装要求的室外钢构件涂装面漆一道，对未涂刷部位以及碰撞脱落的部位进行油漆补涂，现场用防腐涂料要求与制作厂一致，涂装施工完成后，涂层应达到设计要求厚度。

1）防腐涂装施工

钢结构除锈防腐涂装要求：

（1）钢结构工程在对有涂装要求的钢构件，制作完毕后在规定的时间内应按照设计要求进行除锈处理，现场补漆部位应用风动或电动工具除锈；无涂装要求的钢构件制作完毕后在规定的时间内应进行除锈处理。

（2）钢构件的除锈及涂装应在制作质量检验合格后按照设计要求进行。

（3）钢构件所有构件的自由边须进行倒角处理，并采用预处理流水线对钢板进行喷射法除锈处理，除尽毛刺、焊渣、飞溅物、积尘、疏松的氧化铁皮以及涂层物等杂物。

（4）钢结构防腐采用的涂料、钢材表面除锈等级以及防腐蚀对钢结构的构造要求等，除应符合《工业建筑防腐蚀设计标准》GB/T 50046 和《涂覆涂料前钢材表面处理 表面清洁度的目视评定 第 1 部分：未涂覆过的钢材表面和全面清除原有涂层后的钢材表面的锈蚀等级和处理等级》GB/T 8923.1 的规定外，钢结构表面处理尚应满足如下要求：钢结构在进行涂装前，必须将构件表面的毛刺、铁锈、氧化皮、油污及附着物彻底清除干净，采用喷砂方法彻底除锈，达到设计要求的粗糙度等级。现场补漆除锈可采用电动、风动除锈工具彻底除锈。经除锈后的钢材表面在检查合格后，应在要求的时限内进行涂装。

（5）喷砂完工后，除去喷砂残渣，使用真空吸尘器或无油无水分压缩空气，清除表面灰尘，并取得监理工程师认可，且应在喷砂后 4h 内喷漆。

（6）运输、安装过程中对涂层的损伤，须视损伤程度的不同采取相应的修补方式，对拼装焊接的部位必须清除焊渣，进行表面处理达到 St3 级要求后，用同种涂料补涂。

（7）对于需要现场补涂油漆的部位应该在构件安装后按规定补涂其他油漆。

2）防火涂装施工

本项目地上主体部分为钢结构，根据《钢结构防火涂料》GB 14907，《建筑防火涂料（板）工程设计、施工与验收规程》DB11/1245，采用外部包敷不燃材料或涂刷防火涂料的防火措施时，其构件名称、使用部位、厚度及耐火极限详见表 3.5。

（1）外包防火板的建筑构造

钢柱、钢梁外包防火板建筑构造见图 3.21、图 3.22。

（2）防火涂装施工工艺

厚型防火涂料设计要求为不低于耐火极限厚度的 1.5 倍（表 3.6）。

钢结构防火涂装 表 3.5

构件名称	耐火极限(h)	外装饰情况	涂料类型	防火层厚度(mm)	使用部位
钢柱	≥3.00	—	ALC 防火板	50	柱
钢梁	≥2.00	—	ALC 防火板	50	梁
钢构件	≥1.50	硅酸钙板	厚涂型	≥18	疏散楼梯

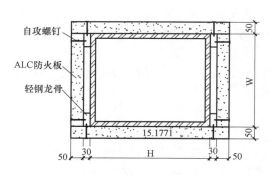

图 3.21 钢柱外包防火板示意图

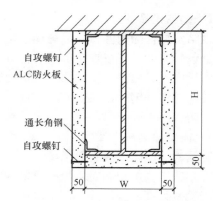

图 3.22 钢梁外包防火板示意图

防火涂装施工工艺 表 3.6

施工项目	施工工艺
施工准备及基本要求	清除表面油垢灰尘，保持钢材基面洁净干燥
	涂层表面平整，无流淌，无裂痕等现象，喷涂均匀
	前一遍基本干燥或固化后，才能喷涂下一遍
	涂料应当日搅拌当日使用完
厚涂型防火涂料	采用压送式喷涂机喷涂，空气压力为 0.4～0.6MPa，喷枪口直径一般选 6～10mm
	喷嘴与基面基本保持垂直，喷枪移动方向与基材表面平行。不能是弧形移动
	操作时先移动喷枪，后开喷枪送气阀；停止时先关闭喷枪送气阀，后停止移动喷枪
	每遍喷涂厚度 5～10mm

（3）防火涂料的修复

防火涂料的修复 表 3.7

名称	防火涂料的修补
修补方法	喷涂、刷涂等方法
表面处理	必须对破损的涂料进行处理，铲除松散的防火涂层，并清理干净
修补工艺	按照施工工艺要求进行修补

3.2.2 条板墙工程施工方法

本工程地上部分内外填充墙体均选用蒸压加气混凝土条形板（ALC 条形板），干密度级别选用 B05 级，强度级别选用 A3.5 级。根据多年工程经验，拟通过内墙采用管卡、外墙采用钩头螺栓进行 ALC 板与主体结构间的连接。

1) 内墙板施工

根据工程特点，项目拟通过内墙采用管卡进行 ALC 板与主体结构间的连接（图 3.23、表 3.8）。

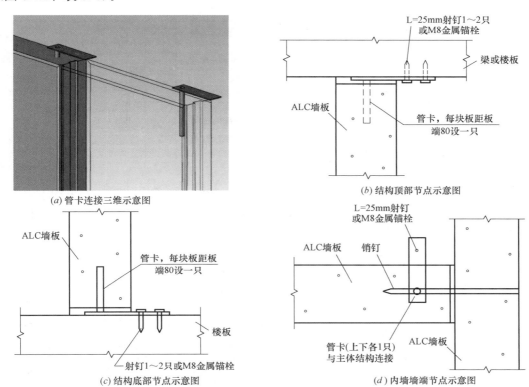

图 3.23 内墙板与主体结构连接示意图

内墙板主要施工方法 表 3.8

工序	施工方法
复核	墙板竖向安装前复核墙体净高尺寸,板材实际长度比墙体净高短 20～40mm
放线	按设计要求在楼地面、柱或墙标明安装位置及标高
安装管卡	将板材用劳动车或液压车运输到安装位置,在每块板上、下端距板边 80mm 处,板厚中间位置安装一只管卡,管卡用榔头敲入板材内不小于 80mm,施工时应放正轻敲
板材就位安装	将板材用人工立起后移至安装位置,板材上下端用木楔临时固定,下端留缝隙 20～30mm,上端留缝隙 10～20mm。用 2m 靠尺检查平整度,用线锤和 2m 靠尺调垂直度,用橡皮锤敲打上下端木楔调整直至合格为止,安装顺序宜从洞口边向两侧依次安装,洞口边板、阳角处板宜用整板,无洞口墙体从一端顺序安装。切割板材宜放在阴角或近阴角整板之间,拼板宽度一般≥200mm
固定管卡	空心钉打入距板边≥80mm 位置,铁件用射钉或 M8 膨胀螺栓与混凝土梁或板固定(钢结构与梁点焊两边各三点),对于装修要求较高工程铁件可隐蔽板中。高度≥4 的墙体板端上下应各设置一只管卡
板缝修补	板材下端与楼面处缝隙用 1:3 水泥砂浆嵌填密实。木楔应在砂浆硬后取出,且填补同质砂浆。板材上端缝隙、板材与柱墙连接处用 PU 发泡剂和 PE 棒填充,表面用修补砂浆补平;板材拼缝用专用修补砂浆补平

2）外墙板施工

根据工程特点，项目拟通过外墙采用钩头螺栓进行 ALC 板与主体结构间的连接（图 3.24、图 3.25、表 3.9）。

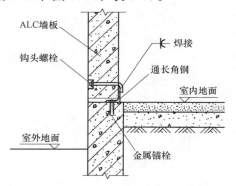

图 3.24　外墙板与地下室顶板连接构造示意图　　　　图 3.25　外墙板上部连接示意图

外墙板主要施工方法　　　　　　　　　　　表 3.9

工序	施工方法
复核	墙板竖向安装前复核墙体净高尺寸，板材实际长度比墙体净高短 20～40mm
放线	按设计要求在楼地面、柱或墙标明安装位置及标高
固定角铁	根据已弹出的水平分格线，按节点做法安装角铁
ALC 板扩孔	吊装前，按实测尺寸对 ALC 板配板、修板，板的长度应按柱距净宽尺寸减去 20mm，同时量出在 ALC 板上下两端需固定钩头螺栓的扩孔的位置后，用专用扩孔钻头钻眼扩孔
板材就位、矫正、固定	用尼龙吊带捆住 ALC 板偏中部位，将板运到板位置线位置附近，然后用撬棍撬起板底端，将板顶起上下运动，直至板与角铁贴近就位，微调将板挪至正确的位置，并用 2m 靠尺及塞尺测量墙面的平整度，用 2m 托线板检查板的垂直度，检查条板是否对准预先在地面上弹好的定位线，是否与上面以及下面的板在一条垂直线上，左右的板是否在一条水平线上，无误后，用木楔在顶端、底端挤紧顶实，但不得过紧，然后撤出撬棍，最后将勾头螺栓焊牢于角铁上
嵌缝	墙板间，勾缝剂要随配随用，配置的勾缝剂应在 30min 内用完。外墙板外缝须打密封胶，表面再用专用勾缝剂勾平。在墙体粘缝没有产生一定强度前，严禁碰撞振动，若木楔不撤出，木楔要做防腐处理。固定用角铁采取防锈处理 与钢梁连接处，需在钢梁上端采用 1：3 水泥砂浆嵌缝

3）外墙板施工质量保证措施

施工时不得随意切割屋面板、楼板和外墙板的长度，屋面板、楼板和外墙板宽度≥300m，隔墙板宽度≥200m，堆放场地应坚实、平整、干燥，板宜侧放（屋面板和楼板可平放），高度不宜超过 2m；管线开槽宜在墙体验收后进行，作业时宜用小型切割机配合镂槽器开槽，严禁对穿开洞或随意切断板内纵筋，开槽应沿板长度方向或设在板与板拼缝之间，深度不大于 1/3 板厚，槽口可用 1：3 水泥砂浆略低板面修补，表面用专用修补材补平，装饰前此处应用玻璃纤维网格布增强；对于较大的风管洞口周边应做好型钢加固框架；装饰前板面潮湿时不宜立即施工，等表面干燥含水率较低时（一般＜15%）再进行下一道工序。

4　装配式钢结构体系经济性分析

4.1　成本分析

兰泰苹果园项目成本主要由以下几个部分组成：土石方工程、桩基工程、地下部分工程、钢结构主体、楼承板＋新型支撑现浇板，不需要传统模式建筑所需的模板及脚手架，其中脚手架单项可节省金额 1152 万元（约占项目总造价的 3％）；内外 ALC 墙体、设备安装工程、装饰装修工程等；在业主前期策划时，本项目为传统现浇剪力墙混凝土结构，经设计方介入调整优化为纯钢框架—中心支撑结构体系，通过相同户型、相同高度但分别采用装配式钢结构和传统方式建造的两栋住宅楼相比，土石方工程、设备安装工程、装饰装修工程二者造价基本相同；由于钢结构自重较轻，桩基工程较传统建筑造价降低；内外墙免抹灰，直接安装，250 厚 ALC 外墙可以自保温，取消了外保温做法，但 ALC 条板安装及钢柱钢梁包板人工费较高，本项总价较砌块砌筑略有下降；钢框架主体由于 2018 年度钢材价格涨幅较大价格，综合各项，本项目较传统现浇做法单位平方米造价高出约 500 元。

4.2　用工分析

本项目主体结构采用钢管混凝土柱、钢梁、钢支撑，楼板采用钢筋桁架楼承板＋免满堂架支撑体系，不需要传统模式建筑所需的模板及脚手架，标准单体（标准层面积 550m²）每层钢框架主体吊装时用工人数约为 22 人（安装工 5 人、焊工 4 人、模板工 4 人、钢筋工 4 人、混凝土工 3 人、零星用工 2 人），较传统现浇结构省工 60％以上；内外墙采用 ALC 墙板，无需抹灰、刮腻子等现场湿作业；条板安装、机电安装、装饰装修可以无缝穿插，大大减少现场施工工人数量，缩短工期。

4.3　用时分析

本工程结构类型为装配式纯钢框架—中心支撑体系，预制钢柱、钢梁代替了传统的钢筋混凝土梁柱，节约绑扎钢筋、支模、浇筑、混凝土凝固的时间，主体框架现场吊装速度快。钢框架主体、水平楼板、条板安装、机电安装、装饰装修可以穿插作业，显著提高施工速度。

本项目外围护体系及内隔墙采用 ALC 高温蒸压加气混凝土板，该板采用钙质材料（水泥、石灰）和硅质材料（石英砂）为原材料，采用铝粉为发气剂，内部铺设钢筋网片，经过浇筑、切割、高温蒸压形成的一种轻质隔墙条板，工厂制作，现场拼装，免抹灰，现场没有湿作业，较砌块砌筑墙体施工显著节约了施工时间。

4.4　"四节一环保"分析

兰泰项目采用装配式钢结构体系具有环保、节材、节能、节水、节地等优势：

（1）主体框架构件均为工厂预制、现场拼装，显著减少建筑垃圾；

（2）维护体系施工作业中没有湿作业，现场安全文明施工效果较好；

（3）本项目地处兰州市，抗震设防烈度为 8 度，同区域同样高度钢筋混凝土建筑物的结构主体自重在 $1.5\sim2.0t/m^2$ 左右，本项目采用钢结构自重在 $0.5\sim1.0t/m^2$ 左右，自重减轻约 1/2，降低了建筑材料消耗，节约了基础造价；

随着各种技术进一步完善，建筑材料生产规模扩大，工人操作熟练程度不断提高，钢结构装配式住宅省时节能的优势会进一步显现。

【专家点评】

本项目位于兰州市，设防烈度 8 度，总建筑面积 121092.78m²，包含 4 栋高层住宅楼及商业配套，其中的 12 号楼建筑高度 97.8m（最高），地上部分采用钢框架—中心支撑结构体系，内外墙采用蒸压加气混凝土板拼装，实现地上部分全装配式施工。

本项目由中建科技集团有限公司对工程项目的设计、采购、施工等实行全过程的承包，并对工程的质量、安全、工期和造价等全面负责，设计单位为中国建筑西北设计研究院有限公司，深化设计单位为中建建筑工业化设计研究院，施工单位为中国建筑股份有限公司。

在结构体系选型方面，针对建筑平面规则性较差的情况，从"系统最优"的角度出发，本项目采用钢管混凝土柱钢梁框架—中心支撑结构体系，框架柱采用方钢管混凝土柱，钢梁采用窄翼缘工字形钢梁，支撑为箱型钢支撑。同时，将钢管混凝土柱外移，钢柱内皮与住宅外墙内皮平齐，钢梁外刷防火涂料加外敷 5cm 厚 ALC 防火板及填充保温隔声板，并与居室的外墙和内墙表面平齐，做到了柱子外凸、梁内藏，满足建筑功能需求。

楼盖采用大板体系，在结构布置中尽量减少次梁、板的布置。采用大跨度钢梁布置，在提高了楼盖体系经济性的同时，可以使建筑户内房间布置灵活分隔，建筑自由度大大提高。

钢结构防火采用厚涂型钢结构防火涂料，涂层厚度根据耐火试验数据确定，且应按现行国家标准《钢结构防火涂料应用技术规范》CECS 24 和《高层民用钢结构技术规程》JGJ 99 推算的较大值确定实际构件的防火保护层厚度。防火涂料要依附于封闭漆表面，要求防火涂料与封闭漆相容。构件高度大于 1500mm 的部位防火涂层内应采取设钢丝网与钢柱腹板相连等措施防止涂层脱落。

钢结构防火涂料使用年限不得小于 15 年，超过防火涂料使用年限后应进行年检，确认失效后应复涂。

钢结构防腐年限不小于 25 年。涂装为无机富锌防锈底漆二道，环氧云铁中间漆二道，（用于非防火部分）聚硅氧烷面漆一道。

该项目体量较大，内容丰富。除上述介绍的之外，在钢结构设计与计算、钢结构制造加工技术、建筑节点构造技术、机电一体化、信息技术在结构体系应用等诸方面投入了大量的精力，取得了丰硕的成果。

该项目是一个非常全面的装配式钢框架—支撑体系住宅建筑的一个典型案例。

（王立军　华诚博远工程技术集团有限公司总工程师）

案例编写人：
姓名：樊则森
单位名称：中建科技有限公司
职务或职称：副总经理

【案例 3】　安徽省蚌埠市大禹家园公租房

摘　要

本案例是鸿路钢结构集团在装配式住宅项目的典型案例，内容涉及建筑结构体系类型，涵盖了混凝土夹心保温墙板、保温装饰一体化墙板可拆卸式钢筋桁架楼承板、钢框架—支撑结构体系。本案例的竖向承重构件采用钢管混凝土柱，解决了空心钢管柱传声问题的有效方式。外围护系统采取构造防水和材料防水双重措施，有效解决漏水问题。项目采用了 EPC 总承包模式，通过装配式标准化、模块化车间生产，现场绿色装配式施工，并结合 BIM 信息化技术应用，实现了设计、加工、安装施工一体化。

1　典型工程案例

1.1　基本信息

（1）项目名称：蚌埠大禹家园公租房 1-10 号，1-11 号，1-12 号，2-10 号，2-11 号楼工程

（2）项目地点：安徽省蚌埠市东海大道南侧，黄山大道东侧

（3）开发单位：蚌埠市城市开发建设有限公司

（4）设计单位：中国电子工程设计院

（5）深化设计单位：安徽鸿路钢结构（集团）股份有限公司

（6）施工单位：安徽鸿路钢结构（集团）股份有限公司

（7）预制构件生产单位：安徽鸿路钢结构（集团）股份有限公司

（8）进展情况：已完工

1.2　项目概况

为推进住宅工业化的发展，提高城市建设品质及促进产业转型升级，蚌埠市城市开发建设有限公司将大禹家园的 5 栋公租房（1-10 号、1-11 号、1-12 号、2-10 号、2-11 号楼，约 53100m²）作为建筑产业化试点项目进行设计施工一体化招标，蚌埠大禹家园公租房 1-10 号，1-11 号，1-12 号，2-10 号，2-11 号楼工程项目建筑面积 53100m²，地上 18 层，地下 1 层。于 2016 年 5 月完成主要方案设计、施工图设计和管理部门评审工作，并随即开展预制构件生产和施工准备工作，于 2016 年 7 月开始结构吊装工作，项目目前主体结构和围护墙体安装基本完成。在此期间接待了行业内众多同行和专家的考察交流。项目采用了钢框架支撑结构＋外挂预制混凝土复合墙板＋底模可拆除式钢筋桁架楼承板技术体系，阳台、楼梯、空调架等部品部件采用工厂预制（图 3.26～图 3.28）。

图 3.26　鸟瞰图

图 3.27　立面图

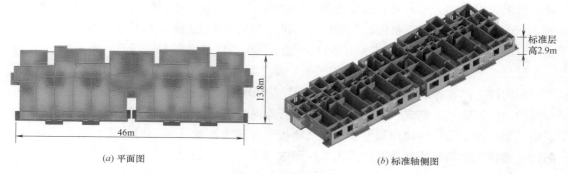

(a) 平面图

(b) 标准轴侧图

图 3.28　标准层示意图

1.3　工程承包模式

本项目采用了 EPC 总承包模式。

2　装配式技术应用情况

2.1　建筑专业

本项目设计为建筑、结构、机电设备及室内装修一体化设计，采用统一模数协调尺寸，并依据现行国家标准《建筑模数协调标准》GB/T 50002 的有关规定进行设计。做到标准化、模块化，有利于后续的建筑构件工业化加工。

1-10 号/1-11 号楼，地下 1 层为自行车库、地上 18 层为住宅，住宅层高 2.9m，分 D1、D2、D3 三种户型，占总建筑面积的比例为 94.7%；1-12 号/2-10 号/2-11 号楼，地下 1 层为自行车库、地上 1 层为商铺、2~18 层为住宅，住宅层高 2.9m，分 D1、D2、D3 三种户型，占总建筑面积的比例为 89.4%。每栋单体住宅建筑中重复使用量最多的三个基本户型，即 D1、D2、D3 的面积之和占总建筑面积的比例均不低于 70%。

本项目为 18 层公租房，采用钢框架支撑结构体系，建筑类别为二类高层住宅，耐火等级地上为二级、地下为一级，抗震设防烈度 7 度，设计使用年限 50 年。每栋两个单元，每单元设疏散楼梯 1 部、电梯 2 部（1 部兼无障碍电梯、1 部兼消防电梯），楼梯直通屋面疏散平台。单元入口均设置无障碍坡道，每单元 6 户，每户均设置了厨房、卫生间、卧室、起居室或兼起居的卧室等功能房间，满足居住要求。整栋楼空间布置紧凑合理、规则有序，符合建筑功能及结构抗震安全要求（图 3.29）。

图 3.29　轴侧图

户型及方案设计时考虑钢结构的特点，采用大柱网，避免户内钢柱影响使用，降低用钢量，减少构件数量，减少加工成本和安装成本。按传统户型设计，采用钢结构框架支撑结构体系，用钢量约 100~110kg/m²，通过建筑设计按钢结构的特点优化结构布置，本项目的用钢量约 75kg/m²，用钢量节约 25% 左右，构件数量减少 16%。由于本项目是公租房，户型均为小于 50m² 的小户型，相对普通住宅，并不能充分发挥钢结构的优点。

本项目在做到模数化的基础上，为保证装配率，同时为更好实现建筑工业化，对于楼梯构件、阳台等部品部件全部实现标准化模块化，显著提高构配件的生产效率，有效地减少材料浪费，节约资源，节能降耗（图3.30、图3.31）。

图3.30　标准楼梯构件　　　　　　　　图3.31　标准空调板构件

2.2　主体结构技术应用

本项目结构体系采用钢框架—支撑结构体系。钢管混凝土框架柱为主要竖向承重构件，钢柱采用冷弯焊接矩形钢管，内灌混凝土，形成组合截面形式，在保证受力的同时节省了钢材使用量；钢梁采用焊接H型钢和高频焊薄壁H型钢，工厂无需进行组立焊接，提高了加工速度，更利于规模化、标准化生产。

抗侧力构件采用钢支撑，该支撑体系的侧向刚度较大，保证了结构整体刚度与稳定性。并且该体系传力路径明确，结构分析清晰。采用钢支撑承担侧向受力，代替了传统的混凝土剪力墙，不涉及两种材料交叉施工，且避免了两种材料繁琐的连接问题，提高了装配率和施工速度（图3.32）。

2.3　围护结构技术应用

围护系统是住宅建筑的重要组成部分，约占住宅建筑所有建材消耗量的70%，也是住宅建筑体系中功能最复杂的部位。住宅墙体各项性能的优劣直接决定住宅建筑性能。

本项目外墙板采用预制混凝土复合墙板。板两侧采用混凝土，中间填充保温材料。板搭接处均有防冷桥节点处理，具有良好的隔声、保温性能。节能水平达到65%，大于规范50%的要求（图3.33）。

按照房屋开间和层高工厂分片预制，通过下托上拉的连接形式和主钢构外挂连接，安装方便。同时该连接方式能够很好地适应主结构变形，杜绝外墙裂缝的产生；采取构造防水和材料防水双重措施，确保不渗水、漏水（图3.34、图3.35）。

内墙板也是整体预制的复合墙板，具有轻质、高强、保温、隔声、防火、几何尺寸精确等特点。干式作业可大量节省砌筑、抹灰、刮腻子等人工材料费用，提高工效，节省工期。可减轻荷载，降低结构成本，增加有效使用面积（图3.36）。

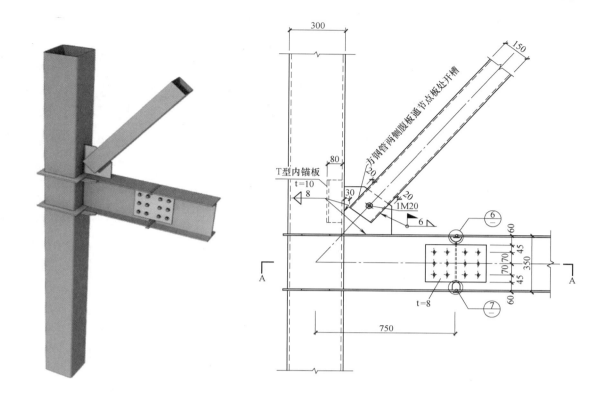

图 3.32 结构体系构件及节点图

本项目楼板采用的底模可拆卸式钢筋桁架楼承板，该楼承板以木模板代替传统压型钢板，以特殊连接的扣件将钢筋桁架和底模进行连接。在完成浇筑养护后，底模拆除，不影响后续的楼顶装修，同时木底模可以重复利用，降低了成本。钢筋桁架由工厂机械制作，减少现场绑扎用工量50%，有效控制钢筋位置，确保钢筋保护层（图 3.37）。楼承板支撑，采用鸿路研发的钢桁架支撑体系，取代传统做法的现浇楼板时搭设满堂脚手架，大大减少现场施工量，加快施工速度。

2.4 装配式标准化、模块化技术应用

本项目在装配式的标准化、模块化部品、部件施工技术进行了专门的研究和应用，做到在标准

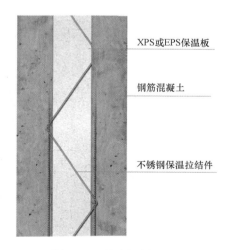

图 3.33 外墙板剖面图

化、模数化的基础上保证装配率，同时为更好实现建筑工业化、生产自动化，对于楼梯构件、阳台等部品部件全部实现标准化、模块化，显著提高构配件的生产效率，有效地减少

材料浪费，节约资源，节能降耗（图 3.38、图 3.39、表 3.10）。

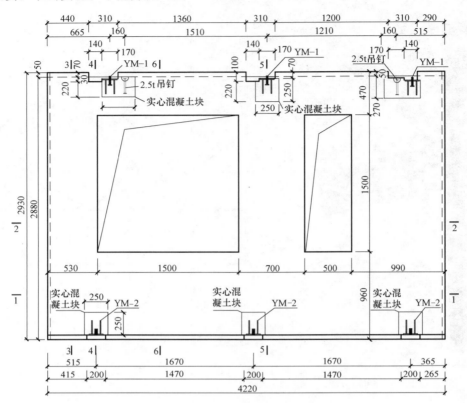

图 3.34　墙板立面图

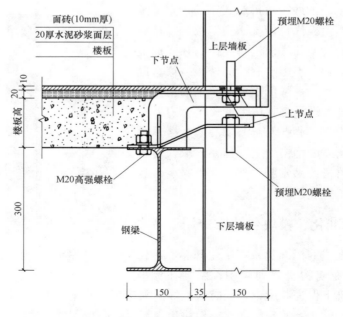

图 3.35　墙板节点图

2.5　信息化技术应用

本项目信息化技术应用主要包括 BIM 技术的应用，考虑同步、一体化的设计过程，在设计阶段完成前，运用 Revit 和 Tekla 对所有构件、部品部件的设计文件进行深化设计，以设计图纸作为制作、生产依据，通过多种样品、详细报价的对比，选择合理工业化项目的设计拆分。企业在设计、生产或制造的全过程采用信息化技术，利用二维码标识技术，对所有构件装配进行信息化管控，对质量进行追溯控制。同时通过 Revit 软件对实际建造过程进行虚拟仿真，有效提高施工水平，消除施工隐患，防止施工事故，确保整个项目施工进度、施工造价和施工质量，增强企业的核心竞争力。

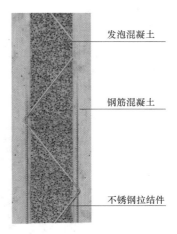

发泡混凝土

钢筋混凝土

不锈钢拉结件

图 3.36　内墙板剖面图

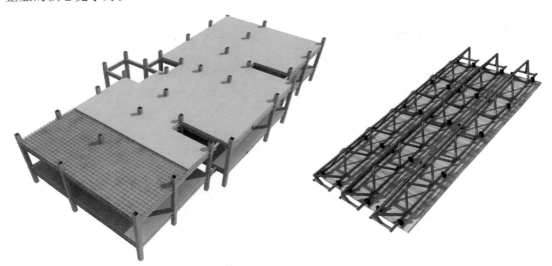

图 3.37　底模可拆卸式钢筋桁架楼承板

图 3.38　标准楼梯构件

图 3.39　标准空调板构件

项目装配式相关标准化、模块化统计表　　　　表 3.10

序号	标准化、模块化内容	比例	重复系数
1	框架体系:采用标准层高、标准层合理布置柱梁、支撑等体系多层户型统一的方式,从而保证了各标准层柱、梁、支撑等框架构件均可实现车间标准化和模块化的生产和施工。 公租房框架体系　　　　标准层结构轴侧和平面布置	100%	85%
2	节点:本项目采用钢结构框架+支撑体系,并且标准层因户型统一和层高一致,钢结构柱梁连接、梁梁连接、支撑等节点类型可统一分类,且存在各类型相同节点数量众多,从而均可实现车间标准化和模块化的施工。 钢支撑节点一　　　　钢柱对接节点 梁柱连接节点	100%	85%

续表

序号	标准化、模块化内容	比例	重复系数
3	钢支撑节点二　　　梁梁连接节点 内外墙板(不含女儿墙)：外墙为160厚外墙夹芯保温板或100厚轻质外墙板。分户墙为150厚NALC板,其余内墙为120厚GRC内墙板。墙体通过连接节点与钢结构框架连接,墙体合理深化成相应的吊装单元,后由加工厂预制混凝土复合墙板,再通过车间标准化和模块化的生产。 底模可拆除式钢筋桁架楼承板技术体系,阳台、楼梯、空调架	92.5%,其中女儿墙、地下室部分墙体为非标准化和模块化	75%
4	楼板、阳台、楼梯、空调架等部品部件：楼板采用可拆卸木模桁架楼承板,由车间进行标准化和模块化的生产,运输到现场后组装。	100%	95%

续表

序号	标准化、模块化内容	比例	重复系数
4	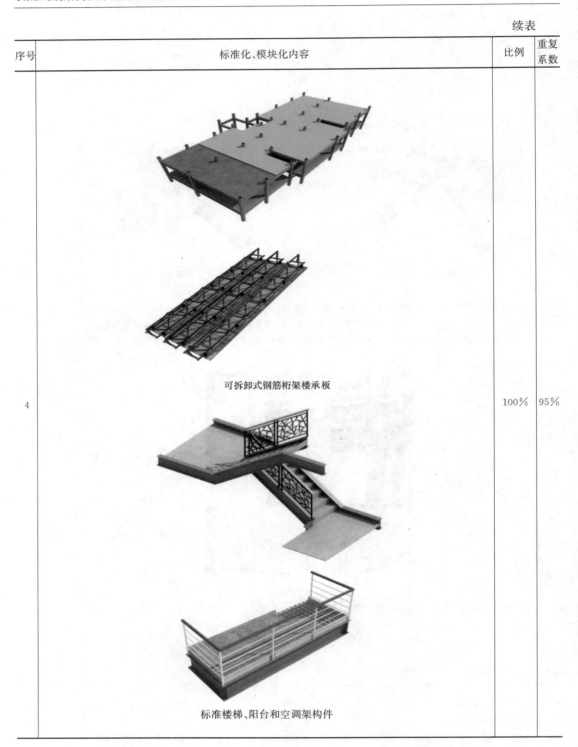可拆卸式钢筋桁架楼承板 标准楼梯、阳台和空调架构件	100%	95%

　　根据项目各阶段图纸建立 BIM 模型，实质是使用 BIM 将传统二维图纸转为三维可视化模型，并且将得到的信息结合三维模型进行整理和储存，在项目全过程中根据图纸变更实时更新模型，以确保模型信息的准确、时效和安全（图 3.40）。

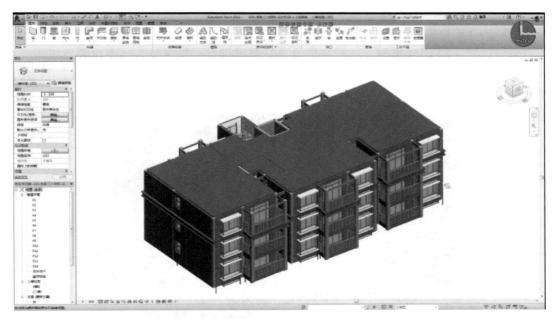

图 3.40　项目 BIM 全专业模型

　　BIM 最直观的特点在于三维可视化，降低识图误差，利用 BIM 的三维技术在前期进行碰撞检查，直观解决空间关系冲突，优化工程设计，减少在建筑施工阶段可能存在的错误和返工，而且优化净空，优化管线排布方案。最后施工人员可以利用碰撞优化后的方案，进行施工交底、施工模拟，提高施工质量，同时也提高了与业主沟通的能力。

　　利用 BIM 技术，提高管线综合的设计能力和工作效率。这不仅能及时排除项目施工环节中可以遇到的碰撞、冲突，显著减少由此产生的变更申请单，更大大提高了施工现场的生产效率，降低了由于施工协调造成的成本增长和工期延误（图 3.41）。

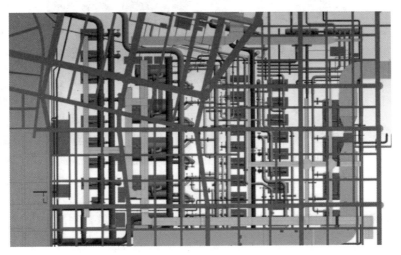

图 3.41　机电管道模型图

　　BIM 数据库的创建，通过建立 5D 关联数据库，可以准确快速计算工程量，提升施工预算的精度与效率。由于 BIM 数据库的数据粒度达到构件级，可以快速提供支撑项目各条线管理所需的数据信息，有效提升施工管理效率。

通过已建立的 BIM 模型，对精装单位净空要求进行三维复核，确定精装单位净空要求或设计单位管线排布的合理性，从而在各个阶段协助各单位作出更准确、详细的优化方案（图 3.42）。

图 3.42　管线排布模型图

基于 BIM 的整体解决方案，使空间信息与实时数据融为一体，物业管理人员可以通过 3D 平台更直观、清晰地了解楼宇信息、实时数据等相关节能情况，最终完成 3D 能效管理平台向 BIM 运维管理平台的成功转型。该项创新将对公共建筑的全生命周期管理起到革命性作用（图 3.43）。

图 3.43　运营维护可视化

2.6　设备管线、装修部分与装配式部品部件结合技术应用

为方便和规范装配式部品部件构件制作，在预制件中预留的箱体、接线盒应遵照预制件的模数，在预制构件上准确和标准化定位。在预制墙体上设置的插座、开关、弱电设备、消防设备等需要在设计阶段提前预留接线盒，这里采用标准的 86 型接线盒为宜。另

外，叠合楼板内的照明灯具、消防探测器等设备需要预留深型接线盒，以便与叠合楼板现浇层内的管线相连接，接线盒的具体位置应先由电气专业做初步定位，再由结构专业做精确定位（图 3.44）。

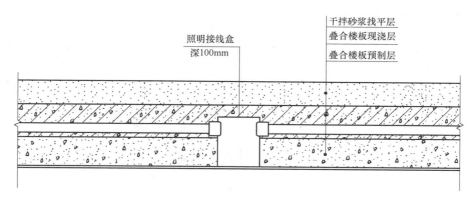

图 3.44　叠合楼板内接线盒预留做法

　　设备管线应进行综合设计，减少平面交叉，由于装配式建筑的特殊形式，其内部的管道综合尤为重要。当水平管线必须暗敷时，应敷设于叠合楼板的现浇层内，采用包含 BIM 技术在内的多种手段开展三维管线综合设计，避免在同一地点出现多根电气管线交叉敷设的现象（图 3.45）。

　　混凝土结构装配式建筑中，电气竖向管线宜集中敷设，满足维修更换的需要；钢结构装配式建筑中无须穿钢梁的竖向管线宜集中敷设，必须穿钢梁的竖向管线宜分散敷设以确保结构的安全性。

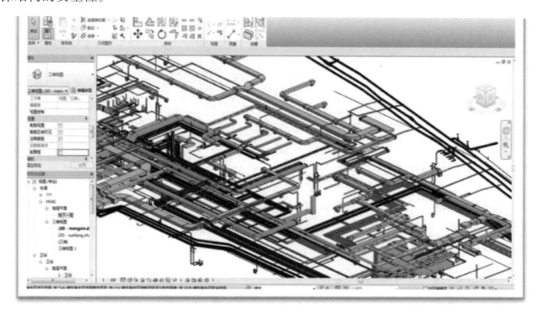

图 3.45　三维管线综合设计示意图（一）

图 3.45　三维管线综合设计示意图（二）

3　构件生产、安装施工技术应用情况

3.1　钢构件生产制作与运输管理

项目主要构件主要为钢构件，截面形式包括方钢管、H 型钢，对于钢构件的加工制作流程如图 3.46 所示。

在加工制造之前首先需要对本次加工制造构件进行焊接工艺评定和原材料检测，焊接工艺评定试验是评价焊接工艺的依据。

原材料、零部件验收（复验）合格后方可入库分发使用，入库前核对原材料的标识（可追溯性的标识），入库后按本单位的标识方法进行标记，包括位置和标记移植等。对钢结构制作项目作各种化学和物理实验。

为适应公路运输的要求，因此对钢结构构件进行了工厂的分段制作，工厂制作完成后主要有以下几种构件形态：

（1）单个在 2.8m×3.2m×18m 尺寸限制范围内的单根构件（定义为第一类构件）；

（2）其他散件和节点板（定义为第二类构件）。主要包括节点连接耳板、外挂节点、需要工厂代加工的现场定位靠板、制作范围内的螺栓和需有制作厂提供的油漆等其他材料。

3.2　装配施工组织与质量控制

本项目为装配式建筑，施工组织管理尤其重要。公司选派施工管理经验丰富的项目管理班组进行现场施工，同时现场施工所有工人全部进行了岗前培训，形成了一支经过考试合格上岗的专业装配式建筑施工队伍，确保现场施工质量和进度。

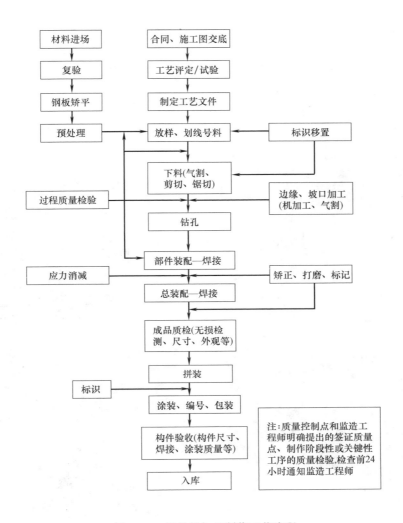

图 3.46 钢构件加工制作工艺流程

3.3 外围护墙板现场装配式施工和质量控制

墙板：预制钢筋混凝土绝热夹心保温外墙的厚度为 160mm，其中包括 50mm 厚钢筋混凝土外墙板＋30mm 保温板＋80mm 厚钢筋混凝土内板。

1）加工制作

采用钢上下端模和左右侧模组合，主要采用反打工艺生产。

（1）工艺流程（图 3.48）

（2）质量标准（表 3.11、图 3.49）

2）运输和堆放

预制构件平板拖车运输，时速应控制在 5km/h 以内；简支梁的运输，除横向加斜撑防倾覆外，平板车上的搁置点必须设有转盘。运输超高、超宽、超长构件时，必须向有关部门申报，经批准后，在指定路线上行驶。牵引车上应悬挂安全标志，超高的部件应有专人照看，并配备适当器具，保证在有障碍物情况下安全通过。平板拖车运输构件时，除一名驾驶员主驾外，还应指派一名助手协助瞭望，及时反映安全情况和处理安全事宜，平板拖车上不得坐人。重车下坡应缓慢行驶，并应避免紧急刹车。驶至转变或险要地段时，应降低车速，同时注意两则行人和障碍物。在雨、雪、雾天通过陡坡时，必须提前采取有效措施。装卸车应选择平坦、坚实的路面为装卸点。装卸车时，机车、平板车均应刹闸。重车停过夜时，应用木块将平车的底盘均衡垫实（图 3.50）。

(a) 试件焊接

(b) 试件检测、加工

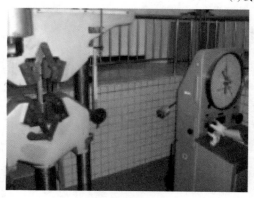

(c) 性能试验

图 3.47　焊接工艺评定试验

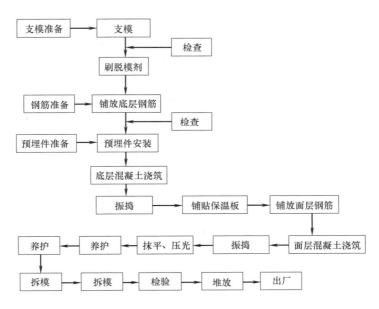

图 3.48　外围护墙板加工工艺流程图

外围护墙板质量检验评定标准

表 3.11

序号	项　目	质量标准(mm)	备　注
1	长　度	±5	
2	宽　度	±5	
3	对角线偏差	±10	
4	厚　度	±5	
5	表面平整	4	
6	预留孔中心线位移	5	
7	预埋件定位线位移	5	
8	外观质量	鸿路产品质量控制体系	企业标准《预制混凝土保温外墙板》

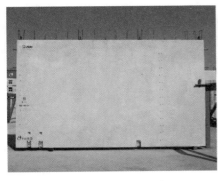

图 3.49　外围护墙板产品

图 3.50　构件运输车实景

堆放场地地面必须平整坚实，排水良好，以防构件因地面不均匀下沉而造成倾斜或倾倒摔坏。

构件应按工程名称、构件型号、吊装顺序分别堆放。堆放的位置应尽可能在起重机回转半径范围以内。

构件堆放的垫点应设在设计规定的位置。如设计未规定，应通过计算确定。

起吊时由现场安全员指挥塔吊作业，构件运输车上有 2 名操作工人负责卸扣的安装、固定。

构件在卸载时应由运输车辆从一端向另一端一侧卸载，不得因卸载过程不合理，导致车辆重心有较大偏移。

预制构件由塔吊吊至指定堆放点时，应按要求直立放入构件支撑架中，以防倾倒（图 3.51）。

3）墙板装配式安装

（1）安装工艺流程（图 3.52）

图 3.51　预制构件码放实景

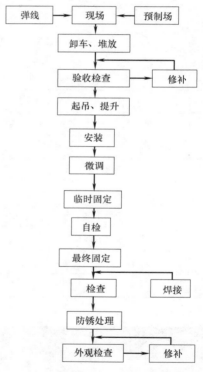

图 3.52　预制墙板安装工艺流程图

（2）起吊、就位

① 起吊前

起吊前仔细核对预制构件型号是否正确，待无问题后将吊环用卡环连接牢固后既可起吊。

② 起吊

立起时，预制构件根部应放置厚橡胶垫或硬泡沫材料保护预制构件慢慢提升至距地面

500mm 处，略作停顿，再次检查吊挂是否牢固，板面有无污染和破损，若有问题立即处理。

预制构件靠近作业面后，安装工人采用两根溜绳与板背吊环绑牢，然后拉住溜绳使之慢慢就位。

根据标高差，铺放垫片和铁楔子。

③ 微调

用线坠、靠尺同时检查预制构件垂直度和相邻板间接缝宽度，使其符合标准。

用拉线定位，水平尺检测板的水平度，用铁楔子调节水平，确认水平调整完成后，可将埋件焊接固定。

④ 最终固定

将预制构件埋件与柱上埋件连接固定或采用斜拉撑撑牢预制构件。

一个楼层的每侧外墙轴线预制构件全部安装完成后，需进行一次全面的检查，确认安装精度全部符合规范的要求后，便可进行最终固定。

将预制构件上甩出的锚筋与楼板结构筋绑扎固定，且每米范围应有 2～3 根钢筋与楼板钢筋搭接焊（图 3.53）。

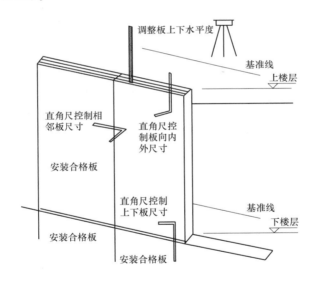

图 3.53　预制构件微调示意图

对板下部埋件进行焊接最终固定，所用焊接设备、焊接材料及工艺参数应符合设计和施工规范、标准的要求。

焊接完毕应对焊缝进行检查，检查的重点是：焊缝的外观质量；焊缝的厚度和长度；有无咬肉、夹渣、气孔等焊接缺陷。不合格者应立即返修。

⑤ 防腐

预制构件及楼、地面外露的金属件必须全部进行防锈处理。涂刷防锈涂料前，应将金属件的表面清理干净。

防锈涂料要求：底漆一道，防锈面漆两道，且要求涂刷均匀，不得有漏刷处。

板缝防水胶施工：密封胶采用硅酮密封胶背衬条、Φ25、Φ20、Φ15、Φ10 保护胶带，纸质或半透明色，宽 24mm、甲苯或二甲苯溶剂。

板缝作法：

A. 施工：

打胶面清理：混凝土表面必须干净，干燥，彻底清除所有残留的污渍、混凝土渣等杂物。用高压气泵除尘。用甲苯或二甲苯清洗打胶面。

安装背衬圆棒：背衬圆棒起控制接口深度的作用，背衬圆棒应按设计要求安装，不得过深，也不得过浅。

保护胶带：打胶接口两边用胶带加以遮盖，以确保密封的工作线条整齐完美；并保护装饰面砖不被污染（图 3.55）。

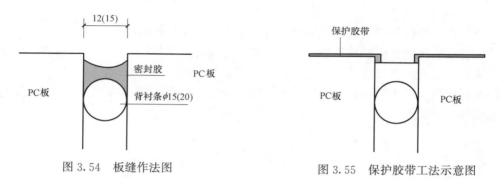

图 3.54　板缝作法图　　　　　　　　图 3.55　保护胶带工法示意图

B. 打胶施工：以 45°的角度将胶嘴切开，并将之装于切开的密封胶管口上，套入手动打胶枪上；等清洗溶剂干燥后进行打胶。打胶时胶嘴尽量触及接口底部，以确保密封胶可填满接口。

C. 表面修整：用硬质塑料条做成凸形的工具，将胶表面修平整；确保密封胶表面平滑美观及填满接口内壁。表面修整应在密封胶表面结皮之前完成，修整完将保护胶带撕掉。撕下的胶带应集中放置，并丢进垃圾场。密封胶在结皮后 48 小时内不宜触摸。

D. 安全事项：在施工过程中应穿着长袖工作服和手套，注意自我保护。避免未固化的密封胶长时间与皮肤接触。当风力超过 6 级以上，严禁高空作业。

（3）安装质量标准（表 3.12）

预制构件安装尺寸允许误差　　　　　　　　　　　　表 3.12

序号	检验项目	允许误差（mm）
1	接缝宽	±5
2	接缝垂直度	3
3	接缝两侧偏差	4
4	自各层基准线至预制构件饰面、顶面、侧面距离	±5

（4）安全措施

严格执行国家、行业和企业的安全生产法规和规章制度。认真落实各级各类人员的安全生产责任制。

交叉作业要保护好电线，严禁踩踏和挤压。

定期检查电箱、电动机械、电线使用情况，发现漏电、破损问题，必须立即停用维修。

预制构件堆放应平稳，垫点均匀符合要求。

构件吊运要避让操作人员，操作要缓慢匀速。

安装作业开始前，应对安装作业区进行围护，并树立明显的标识，严禁与安装作业无关的人员进入。

高空作业用安装工具均应有防坠落安全绳，以免坠落伤人。

每日班前对安装工人进行安全教育，严防人身伤亡事故的发生。

吊篮施工人员均应进行体检，具有恐高症、心脏病、高血压等不利于高空作业状况人员不得上岗施工。吊篮施工人员施工时均应配备防坠器，并应作好施工双重保护（防坠绳、安全绳）。

3.4　楼承板现场装配式施工和质量控制

本工程使用楼承板为钢筋桁架模板，是将楼板中钢筋在工厂加工成钢筋桁架，并将钢筋桁架与底模连接成一体的组合楼板。同时施工完成后，底模板可拆卸可重复利用，钢筋形成桁架承受施工期间荷载，底模托住湿混凝土，因此可免去支模的工作及费用（图 3.56）。

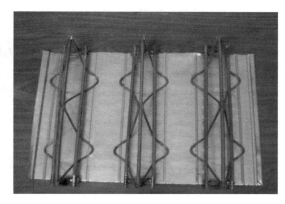

图 3.56　钢筋桁架模板示意图

1）钢筋桁架楼承板堆放及吊装

钢筋桁架模板运至现场，需妥善保护，不得有任何损坏和污染，特别是不得沾染油污。堆放时应成捆离地斜放以免积水。吊装前先核对楼承板捆号及吊装位置是否正确，包装是否稳固。起吊时每捆应有两条钢丝绳分别捆于两端 1/4 钢板长度处。起吊前应先行试吊，以检查重心是否稳定、钢索是否会滑动，待安全无虑时方可起吊。由于底模基板较薄，因此采用皮带吊索，严禁直接用钢丝绳绑扎起吊，避免底模基板变形损坏。吊装时按由下往上的吊装顺序，避免因先行吊放上层材料后阻碍下一层的吊装作业。

2）钢筋桁架楼承板安装流程（图 3.57、表 3.13）

钢筋桁架楼承板安装工艺要点　　　　　表 3.13

序号	工 艺 要 点
1	放样作业时需先检查钢构件尺寸，避免因钢构件安装误差导致放样错误。边沿、孔洞、柱角处都要切口，这些工作在地面进行，可以加快安装速度，保证安装质量
2	钢筋桁架模板安装时，于楼层板两端部弹设基准线，跨钢梁翼缘边不应小于 50mm
3	钢筋桁架模板铺设前需确认钢结构已完成校正、焊接、检验后方可施工。一节柱的钢筋桁架模板先安装最上层，再安装下层，安装好的上层钢板可有效阻挡高空坠物，保证人员在下层施工时安全
4	钢筋桁架模板的铺设时先进行固定，方法是端部与钢梁翼缘用点焊固定，间距为 200mm，或钢板的每个肋部，模板纵向与梁连接时用挑焊固定，间距 450～600mm，相邻两块模板搭接同样用挑焊固定，以防止因风吹移动

序号	工 艺 要 点
5	钢筋桁架模板顺肋方向铺设跨度大于 3m 时,在混凝土浇筑过程中由于施工荷载的增加,同时混凝土的强度没有达到要求,所以会产生钢筋桁架模板下挠现象,影响工程质量,因此应在中间设置支撑
6	铺设时以钢筋桁架模板母扣为基准起始边,本着先里后外(先铺通主要的辐射道路)的原则进行依次铺设
7	铺设时每片楼层板宽以有效宽度定位,并以片为单位,边铺设边定位

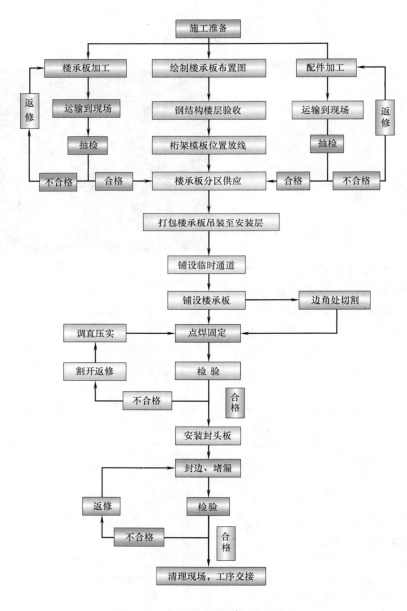

图 3.57　钢筋桁架楼承板安装流程

3）浇筑混凝土作业注意事项（表3.14）

浇筑混凝土作业注意事项 表 3. 14

序号	注 意 事 项
1	浇混凝土前,须把楼承板上杂物、灰尘、油脂等其他妨碍混凝土附着的物质清除干净
2	楼承板面上人及小车走动较频繁区域,应铺设垫板,以免楼承板损坏或变形,从而降低楼承板的承载能力
3	如遇封口板阻碍,用乙炔把封口板切除一小块即可,注意不要损坏楼承板
4	所用混凝土内不得含氯盐添加剂,混凝土浇捣工具及施工缝设置应符合混凝土结构工程施工及验收规范
5	浇混凝土时,应避免混凝土堆积过高以及倾倒混凝土所造成的对楼承板的冲击,尽量在钢梁处倾倒并立即向四周摊开
6	混凝土浇筑完成后,除非楼承板底部被充分支撑,否则在未达到混凝土75%设计抗压强度前,不得在楼面上附加任何其他荷载

4 效益分析

4.1 成本分析

本项目采用钢结构装配式建筑形式建造,针对成本造价和传统建筑进行分析比较如表3.15所示。

本项目与传统建筑成本对比分析表 表 3. 15

分项		相比传统建筑成本变化	原因
设计成本		增加	设计环节增加了深化设计阶段
机械费		持平	钢构件和预制混凝土围护墙板等构件重量较重,相对传统建筑对塔吊起重量要求更高,但是由于构件全部工厂制作好,现场吊次较传统少,可提高塔吊使用效率,而且工期更短,租赁时间少,相比较传统建筑可以减少更多的辅助升降设备,因此现场机械费用基本可以和传统持平
材料费	预制构件	增加	以前以商混和钢筋单卖到工地进行现浇,现在的预制构件在工厂制作好,运输至现场,由于精度的提高和运成本增加,此部分成本相比较传统建筑增加
	钢材	增加	传统建筑为现浇钢筋混凝土,而钢结构装配式建筑钢柱钢梁均为钢结构,结构牢靠性更高,用钢量比传统的略高,此部分成本相比较传统建筑增加
	模板	降低	钢筋桁架楼承板已经是模板,不必另支模。模板相关费用大大减少
	抹灰砂浆	降低	预制构件表面光滑,精度达毫米级,相关抹灰砂浆用量大大减少
人工费		降低	主要是大部分工作由工厂工人和机械设备完成

4.2 用工分析

与传统建筑相比，本项目现场用工数量减少了50%，主要是减少了传统建筑的钢筋工、木工、架子工等。其中，钢筋工主要是现场绑扎钢筋量大大减少，采用钢结构形式减少了80%的钢筋绑扎，同时剩余20%的相关钢筋作业由预制构件厂完成；木工是由于现场支模量大大减少；架子工是由于钢结构形式，现场脚手架临时支撑明显少于传统现浇楼板数量；泥工只需要将二次浇注的混凝土填充进去振捣密实就能完成所有工作，墙体和楼板的预制件表面平整光滑，室内墙面和天花板面也无需抹灰找平。

4.3 各种材料用量分析

钢结构用钢量约$75kg/m^2$，混凝土楼板及基础用钢量约$15kg/m^2$，总用钢量约$90kg/m^2$，混凝土结构总用钢量约$65kg/m^2$，整体预制外挂预制保温墙板综合单价约400元$/m^2$（160mm厚，50mmEPS挤塑板保温层，含安装及辅材），与普通砌筑墙体相比少了保温和双面粉刷找平，整体预制保温内墙板（分户墙，160mm，50mm加气混凝土保温层）约380元$/m^2$，与普通砌筑墙体相比少了双面粉刷找平及保温。基础筏板厚度700mm厚，外伸宽度约750mm，普通混凝土结构筏板厚度约1000mm，外伸宽度1500mm。

4.4 用时分析

装配式建筑项目与传统建筑项目的施工时效分析表　　　　　　表3.16

序号名称	传统施工用时分析	本项目施工用时分析	和传统建筑对比节约数据
自动化生产时效部分	传统施工时采用：如钢筋、模板等制作限于现场机械条件和需要大量人工手动操作仅混凝土采用的是加工厂自动化生产而其他各项施工自动化程度低的局限，所以施工慢	本项目采用：框架主体采用钢结构构件和节点均为加工厂机械化、自动化生产线式流水作业加工成型；楼板、墙体、楼梯、阳台等也均采用机械化、自动化生产线式流水作业加工成型，而且本项目采用的是标准化的生产模式，大大增加了工厂机械自动化的生产效率	用时是原传统建筑施工方法的40%
现场施工或吊安装	传统施工时采用：先做模板和钢筋施工，后进行混凝土浇筑，再进行混凝土养护，周期长，用时多	本项目现场仅需进行各类部构件的吊安装和节点安装施工。仅部分楼面进行混凝土浇筑，而楼面混凝土浇筑是在安装的钢筋楼承板上，且无须等待混凝土养护完成后才能进行上层柱、梁施工。现场施工工序少，用时短	用时是原传统建筑施工方法的50%
流水作业叠加时效部分	传统施工时采用：现场流水施工，如钢筋、模板等制作限于现场机械条件和需要大量人工手动操作，时效性低，而且还需要钢筋、模板等工程完成后才可以进行混凝土浇筑，而且现浇混凝土需要经过相当长时间的养护后方可进行上层施工，各工序流水叠加时间少，施工进度慢	本项目采用：采用加工厂加工钢柱、梁、楼板、墙体、楼梯、阳台等的同时，现场下层吊安装各类构件，并通过连接节点组装建筑，同时加工厂加工上层：钢柱、梁、楼板、墙体、楼梯、阳台等的部构件和节点，可做到2个作业面同时进行，也就是说2个作业面可做到完全叠加。而且加工厂加工时的预制件中已做好管线，开洞等相关专业内容。大大地缩短施工作业时间	用时是原传统建筑施工方法的50%

本项目相比较传统建筑形式，施工周期比传统的快20％～30％，可实现4～5天完成一个标准层，首先采用钢结构建筑形式，可现场进行基础施工，工厂进行构件制作，第二施工作业面的开辟，做到工地工厂同时施工；钢结构的建造工艺全部都是工厂进行钢构件的生产加工，现场吊装焊接，施工不受天气情况影响。钢结构承重体系节省了传统建筑混凝土养护时间，相比传统的混凝土扎钢筋、支模板、浇筑混凝土、养护拆模的工艺工期缩短很多。

而且相比较传统建筑工人的施工水平参差不齐，质量不好把控，这些因素也影响着施工工期，采用钢结构建造，所有构件加工均在工厂机械化流水线生产加工，工人全部都是具备专业技能考试的产业工人，可以很好地避免这些不确定因素对工期的影响。

4.5　"四节一环保"分析

装配式钢结构建筑是全寿命周期绿色建筑，相比较传统建筑，首先在设计阶段，减少了30％的水泥、沙、石等不可再生资源的使用量，自重小，减少基础设计投入；在施工过程中实现干作业，现场施工节约用水80％，现场扬尘小、噪声低，可降低城市PM2.5；使用过程中比传统建筑更加保温节能，我们外墙板保温能达到65％，而传统保温砂浆做法是50％，且传统外墙外保温做法容易脱落，同时太阳能光伏发电的应用，可比传统建筑节能30％；由于钢材强度高，截面可以做到更小，空间使用率比传统的更高，间接节约用地。最后拆除阶段也不会造成过多的建筑垃圾，90％的建筑材料都可以重复利用，较传统混凝土建筑垃圾排放减少60％（表3.17）。

本项目与传统建筑"四节一环保"对比分析表　　　　　　　　　　　　表3.17

建筑全寿命周期	节约指标项	和传统建筑对比节约数据
设计阶段	不可再生资源使用量	减少30％
施工阶段	节约用水	节约80％
	现场扬尘	降低PM2.5
使用阶段	建筑节能	节能30％
	空间利用率	提高8％
拆除阶段	建筑垃圾	减少60％

【专家点评】

安徽省蚌埠市大禹家园公租房项目，由安徽鸿路钢结构（集团）股份有限公司承担了其中5栋（1-10号、1-11号、1-12号、2-10号、2-11号楼，约53100m²）住宅项目。从这5栋住宅来看，是非常典型的钢结构装配式住宅项目。

当前的国内装配式住宅项目，绝大多数采用的是混凝土装配式，但是从其他发达国家的发展历史来看，最终是以钢结构装配式建筑为主流的市场。从产业化、工业化来说，混凝土装配式和钢结构装配式，都比较契合，但是混凝土装配式建筑在生产全过程来看，相比现浇体系，改善了现场建设环境，但在排放、可回收性等影响生态环境方面仍有所欠缺。钢结构，从材料本身就是绿色建材，除了产业化和工业化程度高，其高度可回收性也符合绿色生态的理念，因此，装配式建筑的发展趋势，应该以钢结构为主流，至少是钢结构要占更大的比重。

在本项目中，鸿路钢构采用了钢框架支撑结构＋外挂预制混凝土复合墙板（三明治板）＋底模可拆除式钢筋桁架楼承板技术体系，阳台、楼梯、空调架等部品部件采用工厂预制，这是一种装配率较高的做法。

本项目采用了EPC总承包模式，在这种模式下，可以使设计、加工、安装施工一体化，非常适合装配式建设项目。在EPC模式下，从设计开始就能够充分考虑钢结构加工队伍、安装施工队伍的特长和局限性，设计可以为之量身定做，与以往先设计后招标、设计与施工脱节的模式相比，优势明显，也是建设项目的发展趋势。

与混凝土装配式建筑相比，钢结构也有不足之处，例如外围护的开裂漏水问题、钢结构隔声问题等，很大程度上制约了钢结构住宅的推广应用。在本项目中，鸿路钢构对三明治外墙板采取构造防水和材料防水双重措施，解决漏水问题。同时在本项目中，竖向承重构件采用钢管混凝土柱，这也是当前解决空心钢管柱传声问题的有效方式。可以说，有针对性地解决钢结构装配式住宅的不足之处，我们还有很多工作要做。

一般来讲，钢结构住宅的造价确实高于混凝土结构，但是并非许多人的认知那么明显。普遍认为的公建的钢结构造价偏高，其实可能是因为难以用混凝土结构来实现，但人们并未就建筑实现的难度和资金差异来区分对待。许多钢结构住宅的用钢量很高，其实可能是因为建筑方案没有考虑钢结构的特点，照搬混凝土结构的建筑方案设计模式造成的。

从本项目的立面图和平面布置图看，一方面，方案阶段就考虑了钢结构承重体系的特点，尤其在模数化、标准化方面做得比较好，具有较高的预制构配件重复率，利于降低预制加工和安装成本。另一方面，比较全面地考虑钢结构体系特点，设计出来的建筑方案，可以比混凝土建筑的方案节省钢材20%。应该说，本项目在这方面做得不错，还应该有进一步优化的可能，而这也是我们将来在钢结构装配式住宅设计中要努力的方向之一。单纯的结构优化不能解决根本问题，关键在于建筑师要根据钢结构的特点，来优化建筑方案，建筑方案的制定，不能脱离结构体系任性发挥。例如对于钢结构住宅，柱网要均匀规则，避免因出现过多的转角而增加柱子，柱距（梁跨度）不能差异太大等。

钢结构装配式住宅还处于发展的初期阶段，钢结构装配式应有的技术优势和产业优势，需要一个渐进的过程来体现，但其发展方向不可逆转。安徽鸿路钢结构（集团）股份有限公司在本项目的建设上，开了个好头，继续深入下去，必然会有更好的产品展示给我们。

（胡天兵　中国城市建设研究院有限公司副总工程师、建筑院副院长）

案例编写人：

姓名：阮海燕

单位名称：安徽鸿路钢结构（集团）股份有限公司

职务或职称：技术总工

【案例4】　首钢铸造村4号、7号装配式钢结构住宅楼

摘　要

首钢总公司铸造村4号、7号钢结构住宅楼，主体结构采用装配式钢结构—支撑结构

体系；内外墙体均采用 ALC（蒸压加气混凝土条板）墙体结构；楼板为 130mm 厚叠合混凝土楼板；阳台板和空调板为全预制混凝土构件；同时，采用内装一体化以及 BIM 信息化管理技术。相比于传统的现浇结构，钢结构产业化住宅有其自身的特点，通过对钢结构住宅施工的管理与总结，本案例重点阐述了装配式钢结构住宅建筑技术应用情况，并与现浇混凝土结构进行对比分析。项目综合应用了装配式钢结构技术、轻质环保围护墙体技术、预制混凝土构配件技术、管线与结构分离设计、整体厨卫、装饰装修一体化技术、BIM 信息化管理技术等，提高了工程的装配化程度、建造效率和居住品质，降低了资源和能源消耗。

1 案例简介

1.1 基本信息

（1）项目名称：首钢总公司集资建房（铸造村）4 号住宅楼等 3 项

（2）项目地点：北京市石景山区金顶街西口铸造村

（3）开发单位：北京首钢房地产开发有限公司

（4）设计单位：北京首钢国际工程技术有限公司

（5）深化设计单位：北京首钢建设集团有限公司

（6）施工单位：北京首钢建设集团有限公司

（7）预制构件生产单位：北京住总万科建筑工业化科技股份有限公司、北京金隅加气混凝土有限责任公司

（8）进展情况：已完工

1.2 项目概况

项目概况一览表　　　　　　　　　　　　　　表 3.18

建筑长度	69.4m		建筑宽度	18.2m	建筑高度	4 号楼 39.2m
						7 号楼 44.9m
建筑面积	36166m²	其中	4 号楼	16502m²	层数	13 层
			7 号楼	18662m²		15 层
地下层数	2 层	层高	地下一层	3.3m	地上层高	2.9m
			地下二层	3.0m		
建筑用途	地下一层自行车库兼设备层,地下二层为人防层,地上部分为住宅					
防水做法	地下室		结构自防水;3mm+4mm 厚 SBS 改性沥青防水卷材			
	厨房、卫生间		1.5mm 厚聚氨酯涂膜防水,沿墙面高起 1.8m			
	屋面		3mm+4mm 厚 SBS 改性沥青防水卷材			
外保温	100 厚 OKS 板					
使用年限	50 年					
绿色建筑	一星级绿色建筑					

基础类型	筏板基础	结构形式	地下钢筋混凝土剪力墙结构,地上钢结构-支撑结构
钢结构	钢柱采用截面尺寸 300mm×300mm 焊接箱型柱,材质为 Q345B		
	钢梁采用热轧 H 型钢,截面尺寸 400mm×200mm、400mm×150mm、300mm×150mm 和 200mm×200mm,材质 Q345B 耐候钢		
	钢柱局部柱间支撑采用焊接 H 型钢,高度 200mm,材质为 Q345B		
预制构件	除公共走廊外,楼板、楼梯、阳台板、空调板均为预制混凝土构件		
外墙	地下二层为 300mm 厚混凝土剪力墙,地下一层为 250mm 厚混凝土剪力墙		
	地上为 200mm 厚蒸压加气混凝土条板,钢支撑处为蒸压加气混凝土砌块		
内墙	地下二次结构为 250mm 厚和 200mm 厚轻集料混凝土空心砌块墙,地上部分为 200mm 厚和 100mm 厚预制蒸压加气混凝土条板隔墙		
混凝土强度	地下室底板、外墙采用 C30P6;钢管柱内采用 C40 自密实;构造柱、圈梁采用 C20;其他采用 C30		
给水排水	同层排水		
装修标准	精装修;整体拼装式卫生间、厨房;100mm 架空木地板		

1.3　工程承包模式

建筑施工总承包。

2　装配式建筑技术应用情况

2.1　主体结构技术应用

2.1.1　装配式钢结构—支撑结构体系

（1）采用钢框架—钢支撑结构体系,产业化理念布置户型,充分发挥钢结构优势,经济指标较优（图 3.58、图 3.59）。

（2）钢柱基础采用埋入式柱脚,钢柱采用焊接箱型柱,截面尺寸为 300×300,即有利于防火、隔声,又能把柱距做大,内部空间可以自由分割（图 3.60）。

（3）钢梁采用 HN400×150、HN400×200、HN300×150 和 HW200×200 轧制窄翼缘梁,钢梁下内、外墙体厚度均为 200mm,内、外墙板安装完成后,通过后期装修封包,解决了钢结构住宅露梁问题（图 3.61）。

（4）梁柱连接采用栓焊连接,能有效减少节点连接用钢量（图 3.62、图 3.63）。

（5）钢材均为首钢自产、自加工。

2.1.2　叠合楼板、预制阳台、预制空调板、预制楼梯

（1）叠合楼板免支底模,大大提升施工速度和产业化率。

（2）预制叠合板现浇板带拼缝处理。

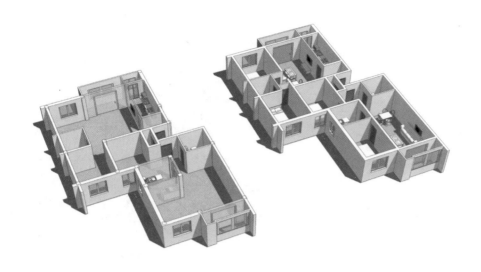

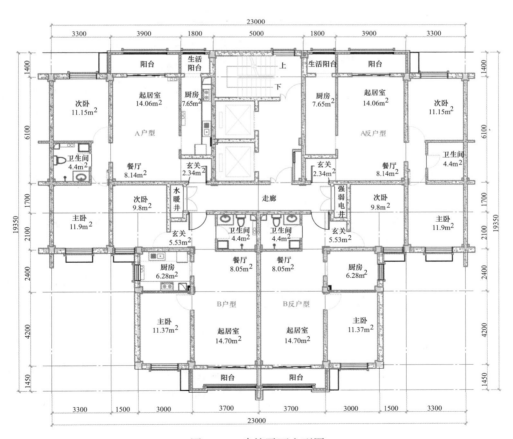

图 3.58 建筑平面户型图

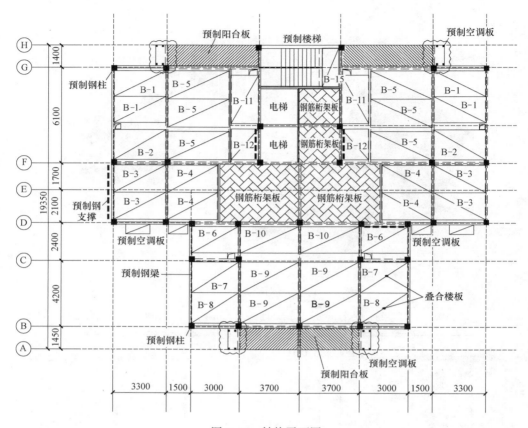

图 3.59 结构平面图

叠合楼板之间现浇板带宽为 300mm，采用吊模方法施工，施工比板下支撑简便，按图 3.64 示意做法施工。

为防止混凝土漏浆，在模板两侧粘贴海绵胶条，与叠合板顶紧。拆模后将螺杆橡胶垫块撬出，用 1：2.5 水泥砂浆封堵。

（3）空调板安装

预制空调板为悬挑构件，安装时在空调板下设可调支撑，采用∠50×5 角钢和可调丝杠制作。与钢梁上预先焊好的节点板螺栓连接（图 3.65）。

（4）边模支设：钢梁边模板采用 1.5mm 厚薄钢板制作，呈 L 形，底部与钢梁点焊固定，上部与钢筋焊接固定，防止边模外翻（图 3.66）。

（5）楼梯安装：楼梯梯板采用预制梯板，中间休息平台与楼梯板整体预制，楼层平台板部分现浇，并设预埋连接件，通过焊接实现梯板与休息平台板的整体连接（图 3.67）。

2.2 围护结构技术应用

（1）围护结构采用新型节能加气混凝土板（简称 ALC 条板）＋保温装饰一体化板，解决北京地区 75％节能、高层建筑防火等问题，实现了墙板与主体结构的柔性连接。

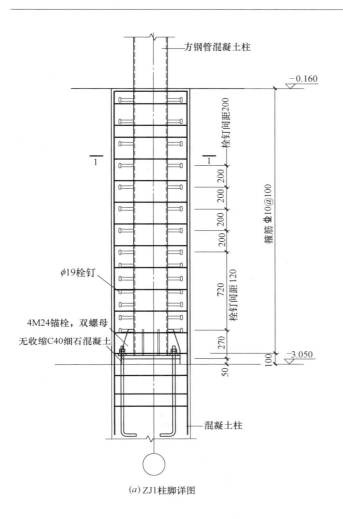

(a) ZJ1柱脚详图

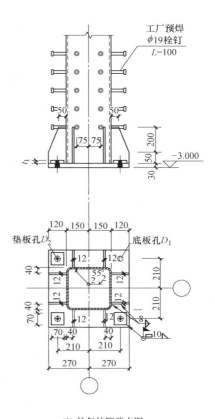

(b) 外包柱脚节点图

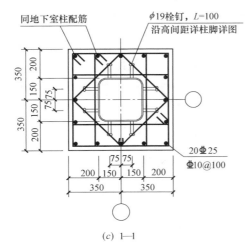

(c) 1—1

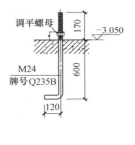

(d) 柱脚锚栓

图 3.60　柱脚详图

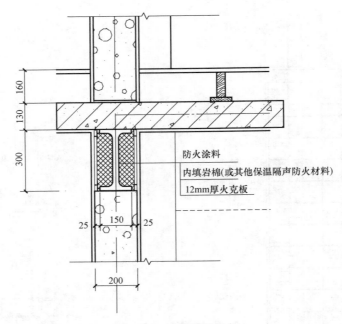

图 3.61　墙与钢梁节点

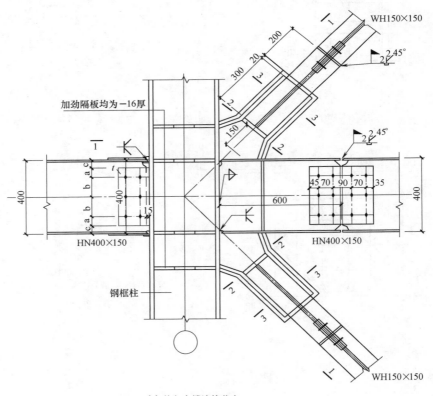

(a) 柱与支撑连接节点

图 3.62　柱与支撑连接节点（一）

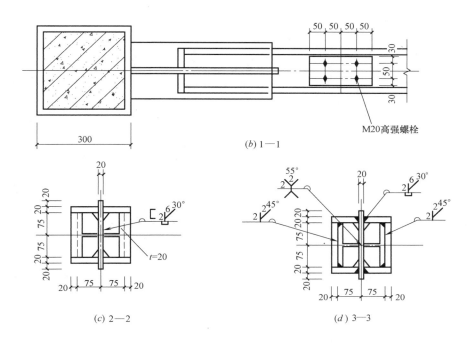

图 3.62　柱与支撑连接节点（二）

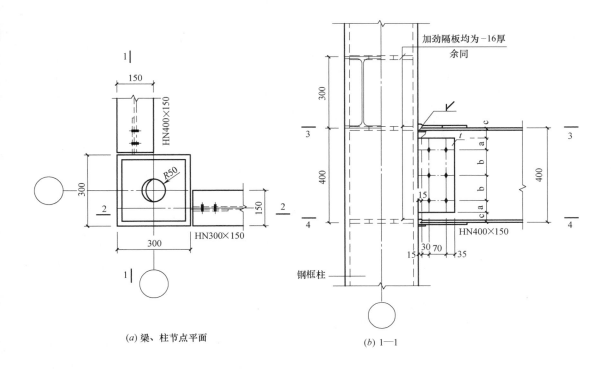

图 3.63　角柱梁、柱节点平面（一）

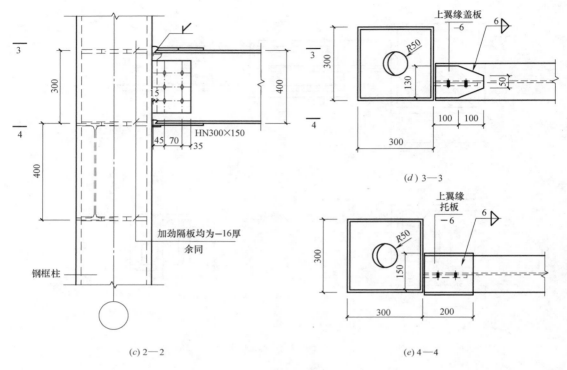

(c) 2—2　　　　　　　　　　　　　　(e) 4—4

图 3.63　角柱梁、柱节点平面（二）

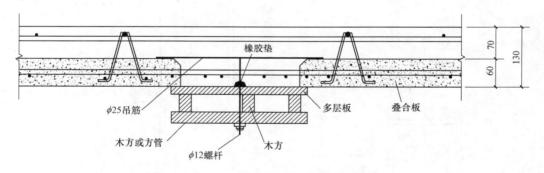

图 3.64　叠合楼板板缝处理示意图

（2）生产构件之前生产企业按照设计图纸进行深化设计，把设计图纸转化成构件生产图。电气专业需要在构件中做预留的各种管线、埋件，在生产的时候准确地预制到构件里面。

（3）外墙为 B05 级强度等级 A3.5 级系列的 200mm 厚蒸压加气混凝土条板（简称 ALC 条板），ALC 条板最大宽度 600mm，主要为竖向布置，洞口处横向布置。ALC 条板之间缝隙为 5mm，墙板侧边与钢柱、梁等主体结构连接处留 10～20mm 缝隙，采用条板专用嵌缝剂勾缝，饱和度不低于 80%。首次采用自复位摇摆减震法的连接节点（图 3.68～图 3.71）。

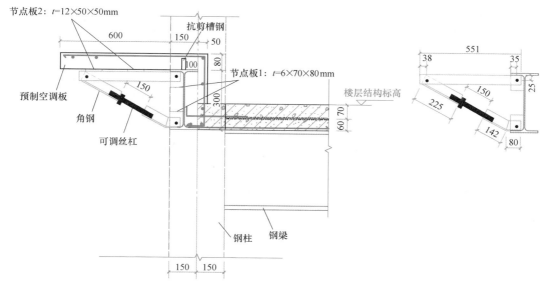

图 3.65 空调板支撑示意图

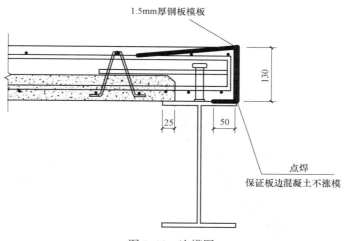

图 3.66 边模图

（4）墙板采用立板机安装，安装时为防止外墙板外倾掉落和保证安装垂直度，在钢柱上设工具式防护、定位栏杆，固定于钢柱上，共设置 4 道。

安装采用立板机进行安装，如图 3.72 所示。

工具式防护、定位栏杆见图 3.73。

2.3 设备系统技术应用

本工程电气系统除照明、插座管线预埋外，其他线路均在地板架空层内敷设。给水排水系统自管道井接出，在地板架空层内敷设，给水排水系统采用独特的同层排水技术，卫生间排水管路系统布置在本层（套）业主家中，管道不穿越楼板，管道检修可在本家内进行，不干扰下层住户，同时管线维修不破坏建筑防水层，维修简便；自由布置卫生器具的位置，因为楼板上没有卫生器具的排水管道预留孔，用户可自由布置卫生器具的位置，只需调整给排水支管。

同层排水系统与隔层排水系统对比如图 3.74 所示。

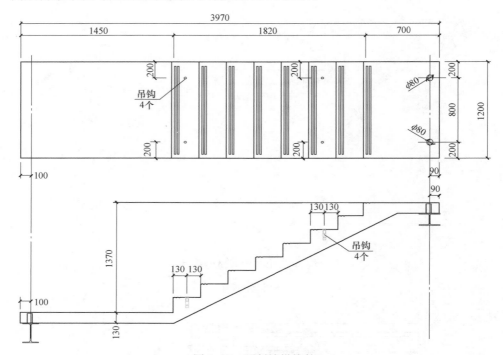

图 3.67　预制楼梯构件

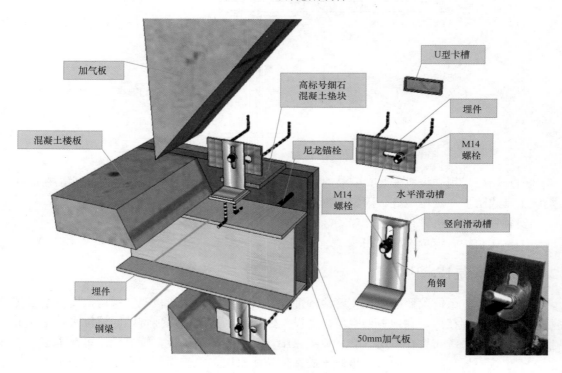

图 3.68　200mm 厚外墙与钢梁连接节点效果图

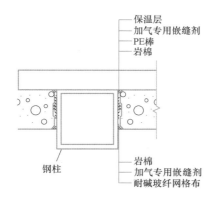

图 3.69 200mm 厚外墙板与结构缝处理

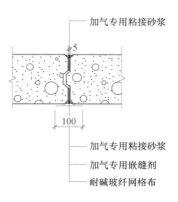

图 3.70 外墙板缝处理

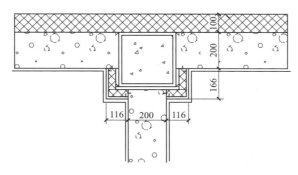

图 3.71 200 厚外墙与外保温的关系图

图 3.72 立板机安装墙板示意图

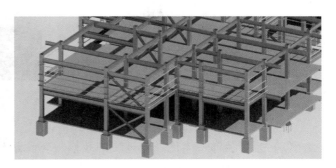

图 3.73 工具式防护、定位栏杆示意图

2.4 装饰装修系统技术应用

（1）厨房、卫生间采用整体厨卫。厨房整合地面、墙面、集成吊顶、台面、整体橱柜五大系统，将电器、厨具、炊具等厨房用品融入厨房设计中，打造全方位一体化的厨房。卫生间为 SMC 整体卫生间，一体化防水底盘、壁板和顶盖构成的整体框架，在有限空间内将卫浴洁具、浴室家具等都融入一个整体环境中，使得住宅品质得以提高。

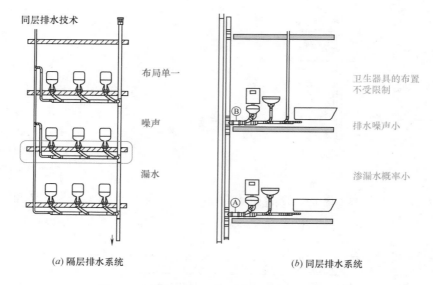

（a）隔层排水系统　　　　　　　　　（b）同层排水系统

图 3.74　同层排水系统与隔层排水系统对比图

整体厨房如图 3.75、图 3.76 所示。

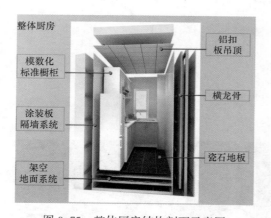

图 3.75　整体厨房结构剖面示意图

图 3.76　整体厨房效果图

整体卫生间如图 3.77、图 3.78 所示。

（2）装修装饰一体化，通过装饰装修一体化达到产业化要求，并对裸露在室内的钢柱、钢梁进行装饰性的隐藏，使得这些构件不会影响室内空间的布局，打造温馨舒适、布局灵活的室内空间。

2.5　信息化技术应用

（1）本工程全程采用 BIM 技术，搭建 PKPM-BIM 施工协同管理平台，实现各专业之间的协同工作，BIM 技术应用点有：虚拟建造、碰撞检查、预留预埋定位、重要节点展示、管线综合排布、三维可视化交底、三维场地布置、二维码技术应用、工程管理、质量管理、安全管理。

BIM 虚拟建造演示如图 3.79 所示。

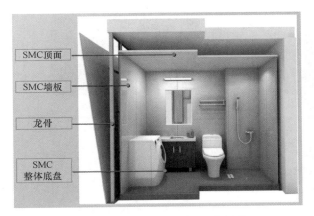

图 3.77　整体卫生间剖面示意图　　　　　图 3.78　整体卫生间实景效果图

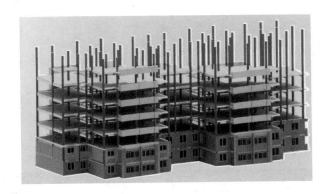

图 3.79　BIM 虚拟建造演示图

BIM 施工碰撞检查如图 3.80 所示。

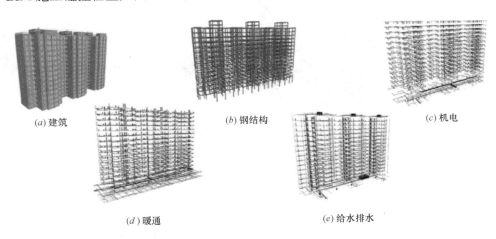

(a) 建筑　　　　　(b) 钢结构　　　　　(c) 机电

(d) 暖通　　　　　(e) 给水排水

图 3.80　BIM 施工碰撞检查图

BIM 预留预埋如图 3.81 所示。

(a) 消防水预留　　　　　　　　(b) 给水预留　　　　　　　　(c) 墙板连接预埋

图 3.81　BIM 预留预埋图

重要节点 BIM 展示如图 3.82 所示。

(a) 楼板节点　　　　(b) 钢结构节点　　　　(c) 柱节点　　　　(d) 内墙节点

图 3.82　重要节点 BIM 展示

管线综合排布如图 3.83 所示。

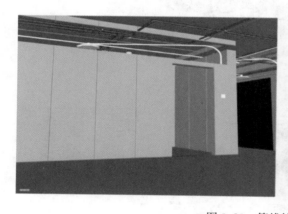 

图 3.83　管线综合排布图

三维可视化交底如图 3.84 所示

三维场地布置如图 3.85 所示。

（2）二维码技术应用

本工程二维码技术主要用于单体构件的信息管理。主要用途有：进场验收时通过扫描二维码，可以方便迅捷地查看构件出场验收的相关信息；通过扫描二维码，可以将现场单个构件所处的状态信息及时归集到二维码管理平台，为现场精细化管理奠定基础（图 3.86～图 3.88）。

(a) 钢筋布置

(b) 太阳能设施

(c) 叠合板安装

(d) 剖切查看

(e) 细部展示

图 3.84 三维可视化交底图

图 3.85 三维场地布置图

查看　　　进场验收　　　出场验收　　　安装　　　安装验收　　　构件二维码

钢柱贴码

钢梁贴码

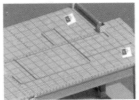

叠合板贴码

图 3.86 二维码示例图

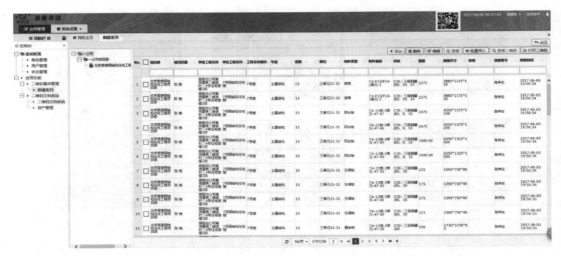

图 3.87　二维码平台

图 3.88　二维码扫码信息

3　构件生产、安装施工技术应用情况

3.1　钢构件生产制作与运输管理

　　钢构件在场外工厂化加工、制作，然后将成品运到现场进行安装。钢结构构件按现场安装要求柱、梁配套进场，以便钢结构框架形成整体。钢柱总体按每三层一节进行设计加工，局部略作调整。

　　钢构件运输如图 3.89 所示。

　　钢构件二维码标识如图 3.90 所示。

图 3.89　钢构件运输照片　　　　　　　　　图 3.90　钢构件二维码标识

　　钢构件现场堆放如图 3.91 所示。

　　吊装时，一节钢柱及其相配套的 3 层钢梁安装完经验收合格后交由土建进行施工，钢柱按单元依次进行安装，钢梁采用"串吊法"吊装，一次吊装 3 根，安装时先用普通螺栓临时固定，调校完毕后更换为高强螺栓固定及焊接。

　　钢柱吊装如图 3.92 所示。

图 3.91　钢构件现场堆放　　　　　　　　　图 3.92　钢柱吊装

　　钢柱连接如图 3.93 所示。

　　钢梁吊装如图 3.94 所示。

3.2　装配施工组织与质量控制

3.2.1　施工组织安排

　　（1）本工程受场地及空间限制，每栋楼各设置一台塔吊，钢构件和混凝土预制构件全部需吊装作业，为提高垂直运输的效率，白天钢结构施工，夜间水平构件和水电施工，形成小流水和交叉作业。

图 3.93　钢柱连接施工照片　　　　图 3.94　钢梁吊装

（2）钢结构原计划每 12 天 3 层，水平构件原计划每 18 天 3 层，随着白天时间变长后增加施工时间压缩钢结构至 12 天，水平构件压缩至 12 天，达到 24 天 3 层的进度，7 月底结构封顶，绝对工期 135 天。

（3）回填土完毕后及时安装室外电梯，保证主体结构施工完 5 层后墙板进场施工，每个月计划安装墙板 8000m²，4 个月安装完毕。

（4）回填土完成后重新规划场地，增加构件堆放场地，防止因构件供应不及时造成现场窝工。

3.2.2　施工质量控制

（1）技术交底制度，分项工程施工前要向施工班组进行技术交底，并履行交底签字手续。技术交底要结合工程实际情况确定出施工过程中质量控制关键工序和容易产生质量通病的施工环节，制定出相应有效的技术措施，其有针对性和较强的可操作性。

（2）施工挂牌制度，对影响结构安全和建筑使用功能的关键工序（钢筋连接、防水、钢结构焊接等）施工时，填写《关键工序施工挂牌记录》，注明操作者、施工日期，并做好相应的图文记录。

（3）样板引路制，对影响结构安全和建筑使用功能，采用新材料新工艺、特殊施工过程的分项工程应执行样板引路制，经有关人员对样板分项工程验收合格后方可进行正式施工。

4　效益分析

4.1　成本分析

4 号、7 号楼原设计为混凝土结构，将 4 号、7 号楼列为钢结构住宅产业化试点工程后，成本对比分析如表 3.19 所示。

本项目与现浇混凝土项目的成本对比汇总　　　　表 3.19

	结构	装修	层高（m）	建筑面积（地上）（m²）	层数	户数	含钢量	成本（预估）（元/m²）
混凝土结构	钢筋混凝土剪力墙	毛坯	2.8	30949	4号:14层;7号:17层	348	55kg/m²	2300
钢结构	钢框架钢支撑体系	精装	2.9	30711	4号:13层;7号:17层	336	主体结构:70kg/m²;水平构件:7kg/m²	2800（毛坯）;＋900（精装）
差异			增加0.1	减少238	4号楼减少一层	减少12	增加22kg/m²	＋500（毛坯）;＋900（精装）

4.2　用工分析

以其中一栋楼为例分析用工人数，本工程钢框架钢支撑体系与钢筋混凝土剪力墙结构的地下基础结构形式相同，增加了埋入式钢柱脚的钢结构施工人员，其他施工工人相同；主体结构增加了钢结构施工和预制构件吊装施工人员，减少了钢筋工、木工和混凝土工 3 工种施工人员；二次结构主要是蒸压加气混凝土条板安装施工人员，钢柱间支撑处墙体少量砌筑。地下结构、主体结构和二次围护结构砌筑施工期间用工人数对比分析如表 3.20 所示。

本项目与现浇混凝土项目的用工对比　　　　表 3.20

	结构	地下结构施工	主体结构施工	二次结构砌筑施工
混凝土结构	钢筋混凝土剪力墙	钢筋工:35人;木工:40人;混凝土工:15人	钢筋工:45人;木工:50人;混凝土工:15人	瓦工:20人;力工:10人
钢结构	钢框架钢支撑体系	钢筋工:35人;木工:40人;混凝土工:15人;钢结构:10人	钢结构:15人;钢筋:10人;木工:10人;混凝土工:6人;预制构件吊装:6人	墙板安装:10人;瓦工:2人(柱间支撑砌筑);力工:2人

4.3　用时分析

钢结构产业化住宅楼与传统现浇结构住宅楼施工相比，少了墙钢筋绑扎、墙模板安装、墙混凝土浇筑、墙模板拆除、水平模板支设这五个工序，增加了钢柱、钢梁及叠合板吊装三个工序，同时，预制构件的使用可减少一定的现浇作业、外墙保温及抹面作业，预制墙体预留了安装电气设备的管槽，减少装饰过程开洞、安装埋件、墙体开槽工序，均有利于其他分部作业提前插入，使装修工期有一定缩短。

就本工程而言，吊装的施工是整个工程的关键工序，影响着主体结构的施工工期，受场地和空间的影响，4 号和 7 号楼各设置一台塔吊，钢构件和混凝土预制构件全部需吊装作业，为提高垂直运输的效率，白天钢结构吊装，夜间水平构件吊装，达到 24 天施工完

---

3 层的施工进度，平均每层 8 天，比传统的混凝土结构施工进度每天 7 天要多一天。如不受场地和空间的影响，4 号和 7 号楼各设置两台塔吊，同时满足钢结构和水平构件吊装需求，综合考虑楼板电气布管、混凝土浇筑完达到强度要求，施工速度至少提高 1/3，达到平均 4～5 天施工一层的施工速度。

综上所述，不考虑场地和空间限制，合理配备施工机械，采用工业化装配式施工与传统现浇施工方式比较，总工期大大减少。

4.4 "四节一环保"分析

"四节一环保"是指建筑节能、节地、节水、节材和环境保护。

4.4.1 建筑节能

（1）本工程外墙板采用 200 厚新型高强、节能加气混凝土条板、OKS 保温板，有效解决北京地区 75％节能、高层建筑防火、板缝拼接处等敏感问题。该条板是北京市住房和城乡建设委员会课题《居住建筑预制加气混凝土外墙板框剪（框筒）结构体系研究与工程试点》的研究成果。

（2）屋顶安装太阳能集热器采用集中—分散供热水系统，让住户享受绿色自然新能源带来的舒适体验。

4.4.2 建筑节地

钢结构的构件在工厂生产，运往现场通过焊接或螺栓进行整体组装，可全天候作业。施工现场作业量小，减少了施工临时用地，与传统建筑材料相比，对周围环境污染小。

4.4.3 建筑节水

施工现场不使用搅拌车、固定泵，免去了对此类机具的清洗，节约了大量清洗用水，也避免了废水、废浆对周围环境的污染，与传统施工方式相比，装配式节能节时约 70％、节水约 80％。

装饰装修一体化的施工技术——架空地板、同层排水，整体厨房，整体卫生间和轻质隔墙板＋精装修，均采用干法施工，有效减少施工用水量。

4.4.4 建筑节材

房屋钢结构材料可 100％回收，其他配套材料也可大部分回收，原材料可以循环使用，有助于环保和可持续发展。

4.4.5 环境保护

干作业施工，减少废弃物对环境造成的污染，材料可 100％回收，符合当前环保意识；所有材料为绿色建材，满足生态环境要求。

【专家点评】

首钢铸造村 4 号楼、7 号楼装配式钢结构住宅楼项目，主体结构采用装配式钢框架—支撑结构体系，钢柱采用焊接箱型柱，内填 C40 自密实混凝土，截面尺寸为 300×300，采用钢管混凝土柱减小了柱断面尺寸，减小了室内突出柱棱；钢梁采用 HN400×150、HN400×200、HN300×150 和 HW200×200 轧制窄翼缘 H 型钢梁，有利于解决钢结构住宅钢梁外露的问题。梁柱节点连接采用栓焊连接、外套管节点，避免了常用的内隔板节点隔板影响混凝土浇筑质量，外隔板节点隔板突出影响建筑功能的问题。

该项目内外墙体均采用蒸压加气混凝土条板（ALC）墙体结构，材料的密度大约只有普通混凝土的1/4，是普通砖的1/3左右。ALC板还具有保温隔热、耐火、美观等优点。在日本，ALC板外墙是一种非常普遍的建筑外墙做法，特别是对于一般的住宅建筑。我国一些发达地区已经引进了这种技术，但应用还不广泛。该项目中ALC板外墙采用内嵌于柱的方式，减少了钢柱突出于室内的柱棱。

该项目充分利用了装配式混凝土结构的成熟技术，提高了预制率和装配化程度。除公共走廊外，楼板、楼梯、阳台板、空调板均为预制混凝土构件。工程电气系统除照明、插座管线预埋外，其他线路均在地板架空层内敷设。给水排水系统自管道井接出在地板架空层内敷设，给水排水系统采用独特的同层排水技术。实现了设备管线与结构的分离，体现了SI住宅的设计理念，增强了住宅的可变性。工程应用了精装修和装修装饰一体化技术，用整体拼装式厨房和卫生间提高了住宅的品质；通过装饰装修一体化达到产业化要求，并对裸露在室内的钢柱、钢梁进行装饰性的隐藏，使得这些构件不会影响室内空间的布局，打造温馨舒适、布局灵活的室内空间。

首钢铸造村4号楼、7号楼装配式钢结构住宅楼项目综合应用了装配式钢结构技术、轻质环保围护墙体技术、预制混凝土构配件技术、管线与结构分离设计、整体厨卫、装饰装修一体化技术、BIM信息化管理技术等，提高了工程的装配化程度、建造效率和居住品质，降低了资源和能源消耗，取得了较好的综合经济社会效益。

但该项目亦存在以下不足之处：

（1）在建筑户型、结构体系和节点连接方面仍沿用常规做法，缺少针对住宅建筑特点和钢结构优势的创新内容；

（2）结构造价偏高，预估成本比混凝土结构高500元/m²；

（3）与混凝土结构相比建筑面积没有增加，反而有所减小；4号楼更是减少了1层；同时钢结构施工速度快的优势受场地条件限制也没有发挥出来；

（4）室内存在突出柱棱，钢柱为300mm×300mm钢管混凝土柱，外墙采用200mm厚嵌入式ALC外墙板，钢柱无法完全隐藏在外墙板中。

以上不足之处降低了钢结构住宅的市场竞争力，希望以后能够逐步改进。

（侯兆新　国家钢结构工程技术研究中心主任兼总工程师）

案例提供人和工作单位：

姓名：齐卫忠

单位名称：北京首钢建设集团有限公司

职务或职称：装配式建筑事业部经理

【案例5】杭州市钱江世纪城人才专项用房一期二标段项目

摘　要

杭州市钱江世纪城人才专项用房项目为目前全国最大规模在建的高层钢结构保障性住

宅群。其中，由东南网架承建的一期二标段项目为国家发展改革委"装配式钢结构住宅国家低碳技术创新及产业化示范工程"、住房城乡建设部"国家康居示范工程"、浙江省住房和城乡建设厅"绿色建筑二星级设计标识工程"以及浙江省新型建筑工业化示范工程。

项目的主体结构采用钢框架—支撑结构体系，框架柱采用矩形钢管混凝土柱、框架梁和次梁采用实腹 H 型钢梁、支撑采用矩形钢管截面，楼盖采用钢筋桁架楼承板现浇混凝土楼板。外墙采用水泥纤维板灌浆墙，内隔墙采用轻质复合墙板，施工安装速度快，墙板表观质量好，免除抹灰层，不仅提高了施工效率，而且增加了套内有效使用面积。装饰装修设计采用标准化、模数化设计，尽量做到预制部品部件与主体结构的模数协调。在构件生产和施工阶段采用信息化技术，钢结构深化设计信息模型精准地导入加工设备进行加工，既保证了构件的加工精度和安装精度，又提高了生产和施工的效率。

1 典型工程案例

1.1 基本信息

（1）项目名称：杭州钱江世纪城人才专项用房一期二标段项目
（2）项目地点：杭州市萧山区钱江世纪城永晖路与丰二路交口
（3）开发单位：杭州萧山三阳安居房开发中心
（4）设计单位：杭州天元建筑设计研究院有限公司
（5）深化设计/制作/施工单位：浙江东南网架股份有限公司
（6）项目进展情况：已完工

1.2 项目概况

项目建设地点位于杭州市萧山区钱江世纪城 U-13 地块，西至五堡直河，东至合丰四路，北至机场南辅路，南至规划支路，属于保障性住房项目（图 3.95）。

图 3.95 鸟瞰图

一期二标段由 5 栋高层组成，总建筑面积 185516.7m²，其中地上部分建筑面积 118992.2m²，地下部分面积 67524.5m²，包括 3 号塔楼 30 层、4 号塔楼 28 层、7 号塔楼 30 层、10 号塔楼 30 层、15 号塔楼 30 层。

1.3 工程承包模式

本项目全部采用装配式钢结构住宅产业化成套技术体系，由东南网架施工总承包。公司在传统钢框架-支撑体系基础之上，进一步成功开发了多腔体组合钢板剪力墙、可拆卸式钢筋桁架楼承板、预制装配式保温装饰一体化内外墙板技术，为客户提供装配式钢结构绿色建筑一揽子解决方案和集成服务（图 3.96）。

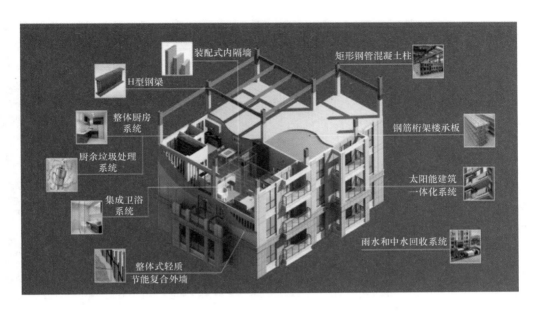

图 3.96　集成体系模型

2　装配式建筑技术应用

2.1　主体结构

2.1.1　设计基本参数

本工程的设计基准期为 50 年，设计使用年限为 50 年，建筑结构的安全等级为二级；抗震设防烈度为 6 度（0.05g），场地类别为Ⅲ类，地震分组为第一组，50 年一遇的基本风压为 0.45kN/m²，地面粗糙度为 B 类。防火等级为一级，钢柱耐火极限为 3 小时，钢梁耐火极限为 2 小时（图 3.97）。

2.1.2　结构体系

本示范工程各单体采用矩形钢管混凝土柱＋钢梁＋矩形钢管支撑体系；楼层梁采用实腹 H 型钢梁，钢结构上的楼板采用钢筋桁架混凝土楼承板（图 3.98）。

2.1.3　钢结构构件概况

本项目 5 栋塔楼结构形式都为钢框架支撑结构体系。各塔楼钢柱为箱型柱，钢柱最大截面为□650×650×30×30；楼层钢梁为 H 型钢梁，主要钢梁截面为：H380×100×6×8，次梁截面为 H250×100×5×6；最大钢梁截面为 H700×200×10×25；楼层钢支撑为方管支撑，最大截面为□200×250×30×30。

地下为整体钢结构地下室，由钢管混凝土柱及楼层钢梁组成，地下室钢柱主要为箱型混凝土柱，钢柱最大截面为□650×650×35×35；楼层钢梁为 H 型钢梁，钢梁最大截面为 H1000×500×35×42（图 3.99）。

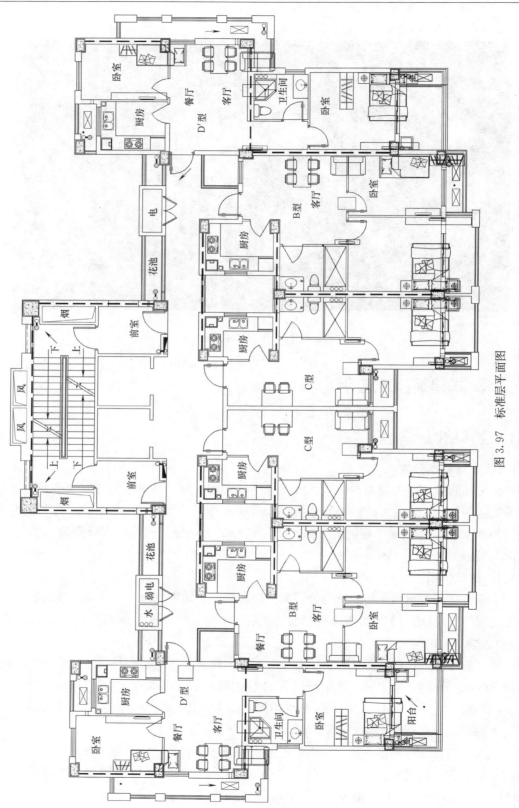

图 3.97　标准层平面图

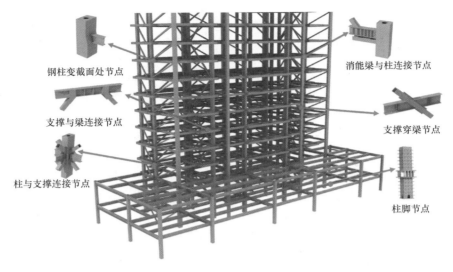

钢柱变截面处节点

消能梁与柱连接节点

支撑与梁连接节点

支撑穿梁节点

柱与支撑连接节点

柱脚节点

图 3.98　结构体系模型

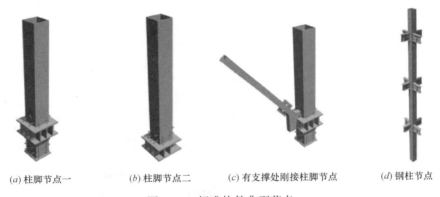

(a) 柱脚节点一　　　(b) 柱脚节点二　　　(c) 有支撑处刚接柱脚节点　　　(d) 钢柱节点

图 3.99　标准构件典型节点

　　裙房层钢管柱共 73 根，最大截面□650×650×30×30，最小截面□450×350×12×12，内灌混凝土为 C50（图 3.100）；钢梁为 H 型钢梁，最大截面 H700×200×10×25，最小截面 H250×100×5×6（图 3.101）；斜撑为箱型截面，最大截面□250×300×30×30，最小截面□180×180×8×8；主框架材质均为 Q345B。

图 3.100　箱型柱成品

图 3.101　H 型钢成品

2.1.4 钢结构安装

本工程钢结构现场采用 6 台型号为 TC6517（QTZ160）型塔吊，每栋楼都设置塔吊，每台塔吊负责各自工作区域，同步施工。其中 4 号楼现场采用两台 TC6517（QTZ160）型塔吊，55m 和 65m 臂长进行钢结构的吊装，3 号楼、7 号楼、10 号楼、15 号楼现场各采用一台 TC6517（QTZ160）型塔吊，3 号楼和 7 号楼安装塔吊为 65m 臂长，10 号楼和 15 号楼安装塔吊为 60m 臂长进行钢结构的吊装（图 3.102）。

钢结构构件现场卸货采用板车运输至钢结构堆场位置，利用 5 台 16t 汽车吊，分别对 5 幢塔楼的钢结构进行卸货，局部位置进行临时加固。

本工程 5 幢塔楼及裙房均为纯钢框架结构，钢结构构件采用塔吊进行吊装，其中 4 号楼现场采用 TC6517（QTZ160）型塔吊，55m 和 65m 臂长进行钢结构的吊装，3 号楼、7 号楼、10 号楼、15 号楼现场各采用一台 TC6517（QTZ160）型塔吊进行钢结构的吊装。

地下室底板施工前，先进行塔吊的安装，利用塔吊安装固定架及柱脚锚栓，再绑扎底板钢筋和浇筑混凝土。地下室 2 层钢柱分为 2～3 段吊装，构件堆放在基坑外围周边，地下部分钢结构完成后进行各层混凝土结构施工。

地上塔楼施工安排，利用消防通道作为构件输运路线。在每台塔吊起重范围内均设置构件堆场，设置构件堆场的面积不小于 300m²，通过加密的脚手管对堆场进行加固。

图 3.102 主体结构封顶

塔楼因为没有核心筒结构，施工时主要以钢结构进度为依据，为保证整体进度，钢结构施工必须保证各节点工期，根据相关工期进度安排进行施工。

钢结构的安装焊接顺序遵循的原则为：降低焊接应力、减少焊接变形。具体的操作中可以通过从中心的框架向四周扩展焊接、首先焊接收缩量大的焊缝、避免同时焊接一根梁的两端、对称焊接等。

钢结构整体施工节拍确定如下：钢柱安装领先框架梁安装 2～3 层，楼层梁安装与钢筋桁架模板安装同步进行，楼板钢筋绑扎落后钢筋模板安装 2 层，楼层混凝土浇筑落后钢筋绑扎 2 层。

2.2　围护结构技术应用

2.2.1　墙体工程概况

　　本项目外墙采用水泥纤维板灌浆墙，支撑处局部采用砌块。水泥纤维板轻质灌浆墙系统是用优质轻钢龙骨作为框架，用水泥纤维板作为覆面板，在龙骨框架与水泥纤维板所形成的隔墙空腔中灌入轻质混凝土而形成的实心轻质墙体，是一种新型的、非承重的墙体（图 3.103、图 3.104）。

图 3.103　室内安装效果图　　　　　　　　　图 3.104　灌浆料

　　竖龙骨与天龙骨之间应留有 10mm 间距，避免紧密接合，以预防变形时墙体产生裂缝。当出现由于竖龙骨长度短而使竖龙骨与天龙骨之间的间距大于 10mm 时，应上移竖龙骨，保证其与天龙骨 10mm 的间距。

　　在门、窗洞两侧竖立洞边竖龙骨，龙骨开口背向门、窗洞。将加强木龙骨扣入附加竖龙骨内（如设计未要求，则不加设），并用自攻螺钉与附加竖龙骨固定。

　　根据楼层的标高基线，采用水准仪等设备弹出门窗洞口标高线。依此标高线，按设计安装门窗洞口横龙骨，再在洞口横龙骨与天地龙骨之间按照设计要求插入竖龙骨。

　　按设计要求将包梁柱角龙骨与焊接于梁柱的连接件固定。对于外墙的可调连接件处，应先根据吊挂的通长铅垂线对可调连接件进行调节，使其在同一直线上，调节后再安装包柱角龙骨。

　　按设计将自粘胶条粘贴于外墙龙骨外侧翼缘外皮及平行接头外皮，将泡沫胶条粘贴于外墙龙骨内侧翼缘外皮（图 3.105）。

　　梁、柱等冷热桥部位的保温材料选用岩棉板，其应符合《建筑用岩棉绝热制品》GB/T 19686 的要求，密度为 120kg/m³，导热系数不大于 0.04W/（m² · k）（图 3.106）。

　　灌浆料以泡沫混凝土为主要成分，自身具有一定的保温效果。民用建筑的外墙应满足《民用建筑隔声设计规范》GB 50118。水泥纤维板 EPS 灌浆墙中在面板和龙骨之间采用弹性垫层来减少声桥的影响。

2.2.2　楼板工程概况

　　本工程采用钢筋桁架现浇混凝土组合楼板，是钢筋桁架与底模通过电阻点焊接连接成

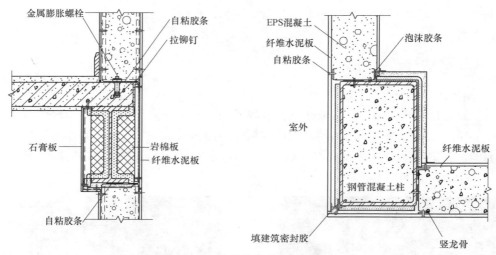

图 3.105　灌浆墙与结构连接节点

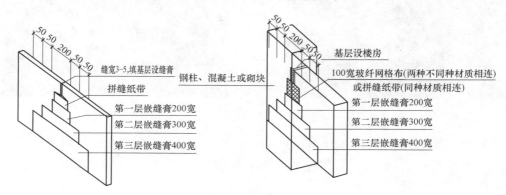

图 3.106　接缝处理

一体，支承于横梁上，以承受混凝土自重及施工荷载的组合模板，利用混凝土楼板的上下纵向钢筋，与弯折成型的小钢筋焊接，组成能够在施工阶段承受湿混凝土及施工荷载，在使用阶段钢筋桁架成为混凝土配筋，承受使用荷载的小桁架结构体系的一项新技术（图 3.107～图 3.109）。

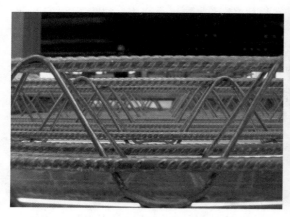

图 3.107　现场施工图（侧图）

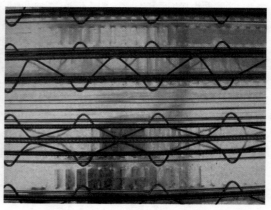

图 3.108　现场施工图（俯视图）

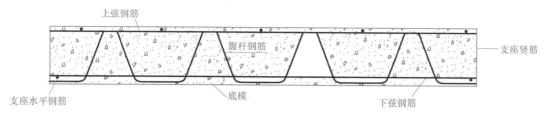

图 3.109 应用自承式模板的混凝土楼板剖面图

2.3 设备系统技术应用

本项目暖通风管采用穿钢梁预留孔洞设计、电气线路均结合复合墙体穿钢管及 PC 管预埋，管线均在吊顶及墙体内敷设，充分体现装修与结构、机电设备一体化设计及管线与结构分离的集成技术。管线系统通过管道井、桥架等方式集中布置，做到管线及点位按需求配置预留并到位（图 3.110、图 3.111）。

图 3.110 梁腹板穿风管管道孔

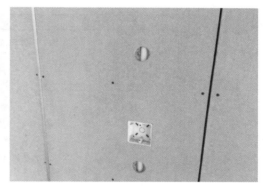

图 3.111 复合墙体集合管线

2.4 装饰装修系统技术应用

本项目室内装饰装修设计方案，设计深度满足施工要求；装修设计与主体结构、机电设备设计紧密结合，并建立协同工作机制；装修设计采用标准化、模数化设计；各构件、部品与主体结构之间的尺寸匹配，易于装修工程的装配化施工，墙、地面块材铺装基本保证现场无二次加工（图 3.112）。

墙板采用轻质墙板，可以灵活布置，填充隔声材料，起到降噪功能，表面集成壁纸、木纹、石材等肌理效果。大幅缩短施工周期，免裱糊、免铺贴，施工环保，即装即住。

吊顶采用专用几字形龙骨与墙板顺势搭接，可实现自动调平，饰面顶板基材表面集成壁纸、油漆、金属效果。龙骨与部品之间契合高度，免吊筋、免打孔、现场无噪声。

快装给水通过专用连接件实现快装即插，卡接牢固，操作简单、质量可靠，隐患少。

整体浴室采用高密度高强度的 SMC 防水盘，地面及挡水翻边一次性高温高压成型，杜绝渗漏。整体浴室土建安装面可以不做建筑防水工程，但需对整体浴室土建安装面做水平处理，平整度误差要求小于 5mm。

当管道井在卫生间区域内部的时候，可利用整体浴室壁板作为隔墙取消管道井部

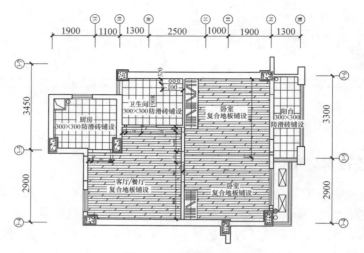

图 3.112 装修平面图

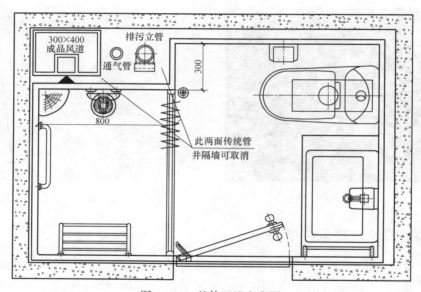

图 3.113 整体卫浴方案图

图 3.114 整体厨房效果图

分非结构性墙体，节约空间及土建成本（图 3.113）。

整体厨房橱柜一体化设计，排烟管道暗设吊顶内，采用定制的油烟分离烟机，直排、环保、排烟更彻底。柜体与墙体预留挂件，契合度高，整体厨房全部采用干法作业，大幅提高装配率（图 3.114）。

2.5 信息化技术应用

BIM 是一种应用于工程设计建造管

理的数据化工具，通过参数模型整合各种项目的相关信息，在项目策划、运行和维护的全生命周期过程中进行的共享和传递，由建筑产业链各个环节共同参与来对建筑物数据进行不断地插入、完善、丰富，并可以被各相关方提取使用，达到绿色低碳设计、绿色施工、成本管控、方便运用维护等目的。

在本项目中根据相关图纸初步建立 Auto Cad 模型；深化设计阶段利用 Tekla Structures 软件的真实模拟进行钢结构深化设计，同时精准地导入加工设备进行加工，保证了构件的加工精密度及安装精度；施工模拟及进度追踪阶段采用 Navisworks 软件指导及完善现场施工作业；钢结构及设备系统信息模型阶段采用 Revit 等软件创建项目的建筑、结构、机电 BIM 模型；施工流程制作采用 3DS max 软件使各个工序紧密配合、确保工期；动态数据输入及监测平台采用 ArcGis 软件。

在本项目中采用 BIM 技术有效地提高了施工技术水平，施工进度控制、专项施工方案及现场的平面管理、技术管理、安全管理、商务管理、物资材料管理、移动数据终端管理等管理水平均有所提升。

3 构件生产、安装施工及技术应用情况

3.1 纤维水泥板轻质灌浆墙施工

轻钢龙骨分项工程应在主体结构整体（或部分）验收后施工。轻钢龙骨分项工程宜先施工下部楼层，后施工上部楼层；同一楼层，外墙轻钢龙骨宜先于内墙轻钢龙骨施工。轻钢龙骨分项工程应按如下工序进行施工：

1）测量放线

根据纤维水泥板灌浆外墙图纸的纤维水泥板外表平面，在外墙最底层的楼面测量出外表平面的初始控制线，用垂准经纬仪直接向上投测到外墙顶层，形成顶层外表平面的控制线。由顶层控制线和初始控制线两条平行线形成一个平面，即外墙外表平面。

2）场地清理、整平

轻钢龙骨安装前应对现场进行清洁，清除积垢、灰尘、油污、杂物。在安装位置上残留的水泥，必须铲除。墙体所在楼面不平整的部位，应采用水泥砂浆进行抹平处理。

3）混凝土翻边

在浇注翻边处混凝土前，应对翻边部位的楼面进行清洁及润湿处理。对于未按设计要求预留插筋的外墙翻边部位，应采取在翻边部位楼板上打孔、补筋的措施，插筋应采取胶粘剂等有效措施与楼板固定牢固。按设计图纸及定位线在翻边位置支模，浇筑混凝土时应进行插捣，保证混凝土密实。

4）梁柱连接件安装

统计每一楼层所需梁柱连接件的规格及数量，依统计将所需材料运输至该楼层。根据定位线，在梁、柱连接件的外侧平面位置布设水平线或铅垂线，依据水平线或铅垂线，按设计要求焊接梁柱连接件，以保证焊接后的连接件在同一直线上。梁柱连接件按设计图纸要求进行焊接，焊接完成后需将焊渣清除，焊缝处涂刷防锈漆。

5）防火涂料涂装

在防火涂料涂装的过程中，应采取措施避免对已安装的龙骨及连接件造成破坏及污染，如造成破坏或污染，则应由防火涂料施工单位进行修复及清理。

6）横龙骨、竖龙骨、包梁柱角龙骨、外墙保温与防水胶条安装

统计每一楼层所需横龙骨、竖龙骨、包梁柱角龙骨、外墙保温与防水胶条的规格及数量，依统计将所需材料运输至该楼层。堆放时按不同材料、不同规格分开堆放，堆放位置应避开楼层的运输通道。竖龙骨、角龙骨根据长度需要采用手提切割机进行切割，切割边应与长边垂直，并需用磨光设备打磨切割边，清除毛刺。对于外墙横龙骨及外墙缝隙处竖龙骨，需按设计将天龙骨与角龙骨在安装前加工成双龙骨。加工后的龙骨应平整、光滑、无锈蚀、无变形，如有变形的，需修复。

7）管线敷设

敷设管线时应采用专用开孔设备对龙骨腹板进行开孔，开孔直径不得超过竖龙骨腹板断面的二分之一。管线敷设时不允许在龙骨翼缘上开口。当竖龙骨位置与水表箱、电表箱、消防箱等位置有交叉、碰撞而无法安装时，应及时与设计人员沟通，由设计人员出具处理方案。

防火涂料应在梁柱连接件安装完成后方可施工，待防火涂料喷涂施工完成后进行横龙骨、竖龙骨、包梁柱角龙骨安装（图 3.115）。

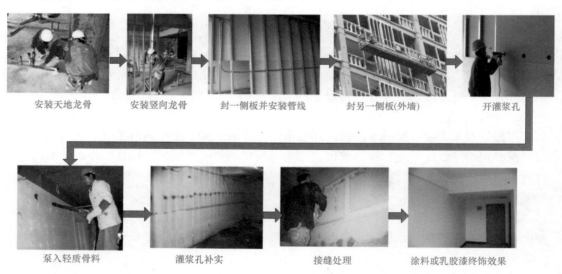

安装天地龙骨　　安装竖向龙骨　　封一侧板并安装管线　　封另一侧板(外墙)　　开灌浆孔

泵入轻质骨料　　　灌浆孔补实　　　　接缝处理　　　　涂料或乳胶漆终饰效果

图 3.115　水泥纤维板灌浆墙施工顺序

3.2　轻质复合内墙板施工

内墙采用轻质复合墙板，轻质条板质量轻、其容重为 700～750kg/m³，75mm 厚墙板的重量为 57kg/m²，仅为 120mm 砌体＋两面抹灰墙体重量的 1/5～1/3。如果建筑物从基础结构设计就开始考虑使用轻质墙板（图 3.116），可大大减少结构和基础造价，而且优化梁柱结构，室内整体布局更趋合理，更提高使用功能。再加上增大使用面积、施工快等优点，其经济收益更优越。预制复合墙板安装过程如下：

（1）该工地全是钢结构构造，复合板与型钢柱或钢梁连结需电焊附件，或射钉固定卡

件（钉固件为 L 型扁铁 L200×30×2）。

（2）放样、抬板：在墙体安装部位弹基线与楼板底或梁底基线垂直，以保证安装墙板的平整度和垂直度等，并标示门洞位置，然后抬板到安装位置。

（3）上浆：先用湿布抹干净墙板凹凸槽的表面粉尘，并刷水湿润，再将聚合物砂浆抹在墙板的凹槽内和地板基线内。

图 3.116 轻质墙板实物图

（4）立板：将施工结合部位涂满专用砂浆，将条板对准安装标线立起。按拼装次序依次拼接，在条板下部打入三角斜楔。利用斜楔调整位置，使条板就位（图 3.117、图 3.118）。

（5）校正：用吊线锤检查墙板垂直度控制在 3mm 之内，用 2m 靠尺上、下、左、右检查平整度控制在 3mm 之内，拼缝控制在 8～10mm，补板除外。

（6）加固：调整好平整度和垂直度后便将墙板固定（图 3.119、图 3.120）。

图 3.117 开关盒开槽

图 3.118 墙板与楼面连接

图 3.119 上下固定

图 3.120 左右固定

钢筋桁架楼承板的施工顺序如下：

（1）平面施工顺序：随主体钢结构安装施工顺序铺设自承板。

（2）立面施工顺序：为保证交叉施工前上层钢柱安装与下层楼板施工同时进行的人员

操作安全，应先铺设上层自承板，后铺设下层自承板承式楼板。

施工方法如下：

（1）为避免板材进入楼层后再用人工倒运，本工程钢梁及楼承板的设计要求每一节间配料准确无误，先行进行计算确定。板材在地面配料后，分别吊入每一施工节间。为保护自承板在吊运时不变形，应使用软吊索，每次使用前要严格检查吊索，使用次数达到 20 次后，吊索必须更换，以确保安全。铺设可分多个小组同时进行，每组由 5～6 名工人组成。铺设时，先沿工字钢梁大致放满桁架模板，然后，从梁端开始，一件一件地往外铺，铺设过程中，要注意使每件桁架间的钩子扣紧，以防止漏浆。

（2）铺设要严格按板的直线度误差为 10mm，板的错口要求＜5mm，检验合格后方可与主梁焊接。桁架基本就位后，及时将桁架端部竖向短钢筋与钢梁焊牢。焊接采用手工电弧焊，焊条为 E4303，直径 3.2mm，焊接点应为直径 16mm 点熔合焊，焊点间距 305mm。同时，设计规定对于跨度大于 3m 的自承板板下要求架设钢管顶撑。

（3）根据层高，一节柱为三层层高，上层平面区部次梁安装前，应先将自承板运输至安装位置，若在次梁安装后再吊自承板，势必造成斜向进料，容易损坏钢板甚至发生危险；同时将自承板铺设的顺序调整为（N＋1）层铺设→（N－1）层铺设→（N）层铺设，便于成品保护。

（4）跨度大于 3m 的自承板下采用钢管横档支撑，在自承式楼板混凝土浇筑时底部受力后楼底镀锌钢板同横档接触面积太小，承受压应力过大导致底模产生凹进变形。为增大受力面积，购进 300cm(长)×15cm(宽)×4cm（厚）片子板替代顶部钢管顶撑。

（5）待钢筋桁架模板铺设一定面积后，必须要按设计要求设置楼板支座连接筋、加强筋及负筋。连接筋等应与钢筋桁架绑扎连接。并及时绑扎分布钢筋，以防止钢筋桁架侧向失稳（图 3.121）。

（6）在楼板混凝土浇筑过程中，由于采用商品混凝土，容易产生堆积荷载，方案实施过程中吊装钢筋、模板等材料时要求多吊分开放置，混凝土浇筑时，专人移动泵管（图 3.122）。

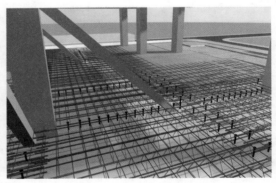

图 3.121　支座连接筋、加强筋及负筋绑扎示意图　　　图 3.122　楼板混凝土浇筑

（7）钢筋桁架楼承板底模端部及端部竖筋同钢梁存在漏焊和虚焊情况，在混凝土浇筑中或受力的过程中产生荷载使该焊点位置产生横向剪力，当横向剪力大于焊点的剪力承受值时易产生横向位移，使底模产生过大挠度，同时往往也导致漏浆。

（8）自承板扣合连接处容易变形，部分经矫正后未完全恢复到位使扣合连接不牢固。若在该处作用有集中荷载会导致自承板下沉。后经讨论，采用自制的扣合矫正工具在自承板铺设前首先对扣合变形处进行矫正，确保扣合连接平整。

节点详图如图 3.123～图 3.125 所示。

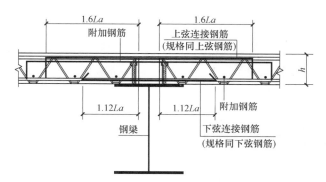

图 3.123 平行板支座构造

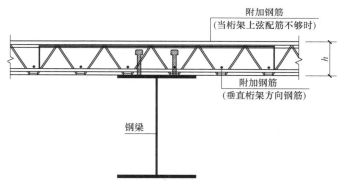

图 3.124 连续板支座构造

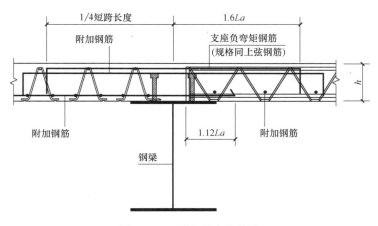

图 3.125 正交板支座构造

3.3 预制构件运输管理

根据工期进度、工厂生产及现场堆场情况，统筹编制构件的运输专项方案，由于方案科学合理，现场无需二次倒运和现场堆积。在运输过程中，构件打包、固定、装车、起吊，均有相应的具体措施和要求（图 3.126）。

(a) H 型钢构件

(b) 箱型柱

图 3.126 预制构件运输示意图

3.4 装配施工组织与质量控制

根据招标文件及招标图纸，结合现场踏勘结果。本工程在质量管理方面需重点做好桩头防水、钢结构加工制作、基础筏板大体积混凝土、地下室超长外墙、钢结构安装、钢管混凝土柱、组合楼板、设备安装及运行、防雷接地、CCA 板灌浆墙等分项工程的质量管理，且需针对工程体量大、分包专业多、建筑功能性强、成品保护量大等质量管理难点进行专项策划，过程中确保质量标准合格（符合工程施工质量验收规范标准），以"过程精品"创"精品工程"（图 3.127）。

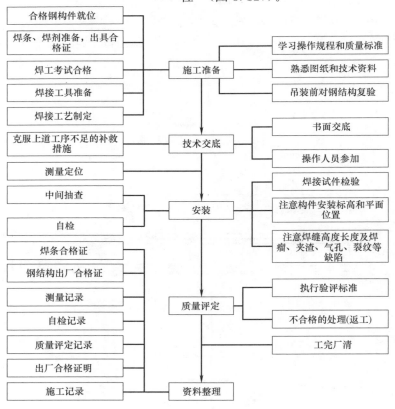

图 3.127 质量控制程序

4　效益分析

4.1　成本分析

钢结构住宅与传统现浇混凝土结构住宅的综合经济效益对比分析，我们还可以从钢结构住宅建设工期缩短、有效使用面积增加、地下停车位增加、自重减轻导致的地基成本降低等收益角度进行直接对比。

（1）综合造价优势明显：地上建筑（约占总面积的 2/3）较混凝土增加了 12.1％，但地下基础和地下室（约占总面积的 1/3）的造价较混凝土却降低了 22.6％。因此，该项目综合造价与现浇混凝土基本持平。随着用工紧张及人工成本上涨，其综合社会经济效益将更加明显。

（2）工期缩短：装配式钢结构体系工期较传统混凝土施工大概可以缩短 350 天，节省总投资 10％左右的财务成本（约 1 亿元）。

（3）资源节约：本项目建筑自重仅 1.02t/m²，较原混凝土 1.59t/m²，减轻了 35.84％。其混凝土用量减少了 53.85％；施工中木模板消耗减少 88.6％，节省森林资源，切实实现"环境友好和资源节约"的可持续发展目标。

（4）地下停车位增加：停车位增加 655 个，增幅达 16.6％，按市场价每个车位 20 万元计，将创收 1.3 亿元。

（5）地下室开挖深度减少约 800mm：由于钢梁腹板中开孔布置管线有效节省原混凝土梁下布线的空间，其土方开挖量减少 10.65 万 m³，相应渣土运输量也得以大幅减少。

4.2　用工分析

本工程将根据不同施工阶段、进度要求及时组织充足的、专业素质高的劳务人员进场，保证现场的施工能够优质、高效地进行（图 3.128）。

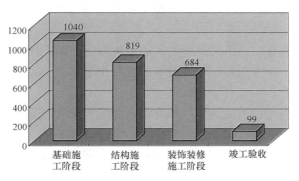

图 3.128　现场安装劳动力柱状图

与相同条件下传统方式生产工期相比，本项目采用预制墙体，墙面平整，无需抹灰，减少人工，工期大大缩短。在主体结构与室内装修施工阶段所用总工期减少 20％以上。本项目是装配式钢结构住宅体系，工厂化生产，现场作业量减少。相比传统的钢筋混凝土，单幢建筑峰值工人 100 人，而钢结构仅需 30 人左右，人工用量减少约 70％。

4.3 用时分析

由于本项目采用装配式钢结构建造，大幅缩短了建设周期，较传统混凝土结构工期缩短了 27.34%（表 3.21）。

施工速度比较 表 3.21

结构体系	钢结构	钢筋混凝土结构
有效施工周期（日）	930	1280
相对提前工期（%）	27.34	0

4.4 "四节一环保"分析

以示范工程中 3 号楼（裙房以上标准层）为例，进行钢结构方案与混凝土方案节能减排、资源节约分析比较。后附节能减排一览表 3.22。

4.4.1 节能效果

本项目制定并实施施工节能和用能方案，监测并记录施工能耗，与传统方式相比，现场施工能耗节约明显，单方面积较钢筋混凝土节省 37.38%。

4.4.2 节水效果

本项目制定并实施施工节水和用水方案，监测并记录施工用水，与传统方式相比，现场施工用水节约明显，较钢筋混凝土节省 63.39%。

4.4.3 节材效果

本项目楼板采用钢筋桁架楼承板，彻底改变了传统手工作业方式，采用工业化大规模生产和装配化施工。钢筋全部工厂加工制作，现场仅需少量的分布钢筋绑扎，作业量不大于 10%。采用钢筋桁架楼承板中，底模是镀锌钢板，无需支模，杜绝了木模板的消耗，现场用工量减少，工期大大缩短。本项目墙体采用工厂预制保温节能轻质复合墙体，减少预拌混凝土地损耗，具有自重轻、节能、保温、绿色环保、隔声效果好等特点。

4.4.4 节电效果

本项目制定并实施施工节电和用电方案，监测并记录施工用电，与传统方式相比，现场施工用电节约明显，单方面积用电量较钢筋混凝土节省 30.64%。

4.4.5 环保

本项目施工现场有整洁检查计划、检查记录和专人负责。施工现场作业工作量少，现场整洁干净。分析如下：

（1）碳排放减少：钢结构住宅全生命周期的综合碳排放较混凝土减少 36.8%；

（2）环境污染减少：工厂化生产，装配式施工，施工用水量减少 70%，污水、扬尘和噪声减少 80% 以上；

（3）建筑垃圾减少：施工中建筑垃圾减少 70%；建筑拆除时主材可回收再利用，建筑垃圾减少 60% 以上；

（4）工业废弃物资源化利用：新型复合墙体中成功资源化利用粉煤灰、尾矿石英砂石膏等工业废弃物。

钢结构方案与混凝土方案的综合碳排放对比　　　　　　　　　　　表 3.22

材料	钢结构方案					混凝土方案					混凝土方案节约（%）
	总用量	耗能（MJ）	占比（%）	CO$_2$排放量（t）	占比（%）	总用量	耗能（MJ）	占比（%）	CO$_2$排放量（t）	占比（%）	
混凝土（m³）	6862.3	19762657.1	39.1	3026.3	55.0	11850.0	34126930.0	44.1	5225.9	67.4	42.09
水泥（t）	447.8	2462680.0	4.9	403.0	7.3	672.1	3696550.0	4.8	604.9	7.8	33.38
砂（t）	637.8	1160.7	0.0	7.7	0.1	1754.6	319337.2	0.4	21.1	0.3	63.65
碎石（t）	0.0	0.0	0.0	0.0	0.0	1513.6	242182.4	0.3	16.7	0.2	100.00
石膏（t）	5602.0	509796.6	10.9	197.3	3.6	0.0	0.0	0.0	0.0	0.0	
钢筋（t）	340.69	6916007.0	13.7	313.4	5.7	1758.4	35695114.0	46.2	1617.7	20.9	22.50
型钢（t）	1022.07	13593531.0	26.9	1430.9	26.0	0.0	0.0	0.0	0.0	0.0	
砖（t）	101.0	198930.6	0.4	16.2	0.3	417.9	823341.8	1.1	66.9	1.1	75.84
混凝土砌块（t）	175.4	210456.0	0.4	17.5	0.3	1976.8	2372112.0	3.1	197.7	2.6	91.13
EPS 材料（t）	2.7	37346.4	0.1	3.2	0.1	5.3	73990.8	0.1	6.3	0.1	49.53
纤维水泥板（m²）	62637.0	1793562.9	3.6	88.0	1.6	0.0	0.0	0.0	0.0	0.0	
合计		50486610.5		5503.3			77349558.2		7757.0		降低能耗34.73%；减少 CO$_2$ 排放 29.05%
单位面积能耗（MJ/m²）	2051.89					3276.6					37.38
单位面积CO$_2$排放（t/m²）	0.2237					0.3286					31.92
施工用水（t）	9123					24921					63.39
施工用电（°）	536516					773578					30.64
木材消耗（t）	33.9					305					88.89

【专家点评】

一、装配式技术特点

本项目的主体结构采用钢框架—支撑结构体系，框架柱采用矩形钢管混凝土柱、框架梁和次梁采用实腹 H 型钢梁、支撑采用矩形钢管截面，箱型柱截面较大，达 650×650×30×30，可进行适当地优化；楼盖采用钢筋桁架楼承板现浇混凝土楼板。外墙采用水泥纤维板灌浆墙，设置柱间支撑的部位采用加气混凝土砌块砌筑；建筑内隔墙采用轻质复合墙板，由于其自重较轻，施工安装速度快，避免了传统建筑的砌筑作业，同时墙板表观质量好，免除抹灰层，不仅提高了施工效率，而且增加了套内有效使用面积。装饰装修设计采用标准化、模数化设计，尽量做到预制部品部件与主体结构的模数协调。

本项目在构件生产和施工阶段采用信息化技术，钢结构深化设计信息模型精准地导入加工设备进行加工，既保证了构件的加工精度和安装精度，又提高了生产和施工的效率。

二、综合效益分析

本项目对比钢结构住宅与传统钢筋混凝土结构的综合经济效益，从综合造价、建设工期、资源节约等角度进行分析：

（1）综合造价持平：本项目地上钢结构较混凝土结构造价增加了 12.1%，但由于钢结构建筑自重轻，基础和地下室的造价较混凝土建筑却降低了 22.6%，综合造价钢结构建筑与混凝土建筑基本持平。

（2）工期缩短：本项目钢结构建筑的施工工期较传统混凝土建筑施工工期缩短了 350 天，节省了总投资 10% 左右的财务成本，钢结构建筑施工速度快的优势得到了充分的体现。

（3）资源节约：本项目钢结构建筑较混凝土建筑自重减轻了 35.84%，其中混凝土用量减少了 53.85%；施工木模板消耗减少了 88.6%，切实实现了"环境友好和资源节约"的可持续发展目标。

三、建议

本项目作为建筑规模较大的高层钢结构保障性住宅群，建筑规模较大，对于装配式钢结构高层住宅的推广应用具有一定的示范作用。本项目的主体结构和内隔墙系统施工方面实现了提高建造质量、节约施工工期的目标；在外围护和装饰装修系统还有一定的提升空间，希望以后的装配式钢结构建筑项目在提高标准化程度的基础上选用适合部品部件干法施工，做到部品的可检修、宜更换，从而实现装配式建筑提质增效的总目标。

（张守峰　中国建筑设计研究院有限公司装配式建筑工程研究院副院长、总工程师）

案例编写人：

姓名：郭庆

单位名称：浙江东南网架股份有限公司

职务或职称：副总经理

【案例 6】沧州市福康家园公共租赁住房住宅项目

摘　要

沧州市福康家园公共租赁住房住宅项目是大元集团与沧州市住房和城乡建设局合作承建的沧州市保障性住房项目，是沧州市重点民生工程。作为河北省首例钢结构住宅工程，福康家园公共租赁住房住宅项目采用方钢管混凝土组合异形柱结构，与传统钢筋混凝土结构相比，具有施工工期短、出房率高、抗震能力强等优点，建筑整体重量下降约 25%，降低了地基处理费用。建设所需的钢结构构件在工厂车间加工完成后，再运往现场，通过焊接或螺栓进行整体组装，降低了噪声和扬尘污染，实现了绿色施工。

1 典型工程案例简介

1.1 基本信息

（1）项目名称：沧州市福康家园公共租赁住房住宅项目

（2）项目地点：河北省沧州市，永安大道以西，向海路以南

（3）开发单位：大元投资集团房地产开发有限公司

（4）设计单位：天津大学建筑设计研究院、天津大学钢结构研究所

（5）深化设计单位：山东中通钢构建筑股份有限公司

（6）施工单位：大元建业集团股份有限公司

（7）预制构件生产单位：山东中通钢构建筑股份有限公司

（8）进展情况：5 号、6 号、7 号、8 号楼基础于 2015 年 7 月 31 日验收，主体于 2016 年 1 月 31 日验收。1 号、2 号、4 号楼基础于 2016 年 1 月 31 日验收，主体于 2016 年 7 月 26 日验收（图 3.129）。

图 3.129 沧州市福康家园公共租赁住房住宅项目效果图

1.2 项目概况

沧州市福康家园公共租赁住房住宅项目位于永安大道以西，向海路以南，共 8 栋楼，其中 24 层 1 栋，25 层 2 栋，18 层 5 栋，地下室层高 4.7m，一层 3.6m，二层 3.3m，标准层层高为 2.9m，总建筑面积 13.02 万 m²，小区住宅总套数 1602 套，总投资 5.14 亿元。

1.3 工程承包模式

本工程采用施工总承包模式，由大元建业集团股份有限公司总承包施工。

图 3.130　沧州市福康家园公共租赁住房住宅项目施工实景照片

2　装配式建筑技术应用情况

2.1　主体结构技术应用

2.1.1　结构形式

　　结构选型采用方钢管混凝土组合异形柱结构，3 号、5 号、6 号、7 号、8 号楼为 18 层建筑，结构采用方钢管组合异形柱框架—支撑结构体系，斜撑采用人字形和十字交叉形两种形式；1 号、2 号楼为 25 层建筑，4 号楼为 24 层建筑，1 号、2 号、4 号楼结构采用方钢管组合异形柱框架—剪力墙结构体系。支撑布置情况及剪力墙布置情况如图 3.131～图 3.134 所示。

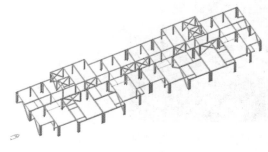

图 3.131　方钢管组合异形柱支撑布置三维图　　　图 3.132　方钢管组合异形柱剪力墙布置三维图

2.1.2　梁、柱

　　(1) 钢梁采用 H 型钢，钢梁规格有：H400×150×8×12；H300×125×8×10；H250×125×68；HN200×100×4.5×6。

　　(2) 钢柱分为异形组合柱和矩形钢管单柱，材质均为 Q345，异形组合柱使用 150×150 方钢管焊接组合形成，形式分为 L 形异形柱、T 形异形柱和十字形异形柱（图 3.135）。结构主体柱全部采用矩形钢管混凝土柱，矩形钢管内灌混凝土，可显著减少柱截面，提高承载力。钢管混凝土柱充分发挥了钢材受拉性能好和混凝土抗压性能高的特点，承载力高、塑性和韧性好，提高了抗震性能。

图 3.133 方钢管组合异形柱框架—支撑结构体系　图 3.134 方钢管组合异形柱框架—剪力墙结构体系

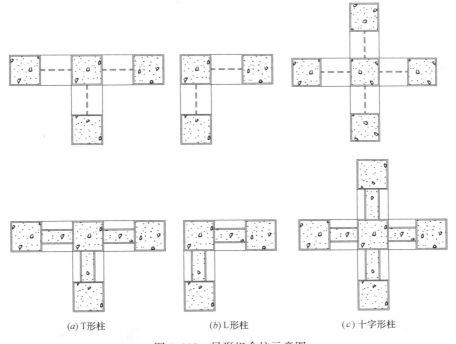

(a) T 形柱　　　　　(b) L 形柱　　　　　(c) 十字形柱

图 3.135　异形组合柱示意图

（3）组合异形柱截面形式灵活，可根据实际工程需求，灵活调整单肢柱的间距，提高了建筑室内空间美感。建筑效果好，同钢筋混凝土结构一样隐藏于墙体内部，室内不露柱角，方便家具的摆设。异形柱采用的构件形式如图 3.136 所示。

（4）组合异形柱与梁连接节点采用外肋环板节点技术，在外环板节点的基础上，将其另外两侧的加强环板改为平贴于柱侧的竖向肋板，加以适当构造形成了外肋环板节点。节点构造简单，加工安装方便，传力明确可靠，克服了外环板节点墙板安装、室内角部有凸角现象等问题。单柱采用横隔板贯通节点，隔板上留置有直径为 80mm 的灌浆孔和直径为 20mm 的透气孔（图 3.137～图 3.141）。

(a) T形柱   (b) L形柱   (c) 十字形柱

图 3.136　异形组合柱实物照片

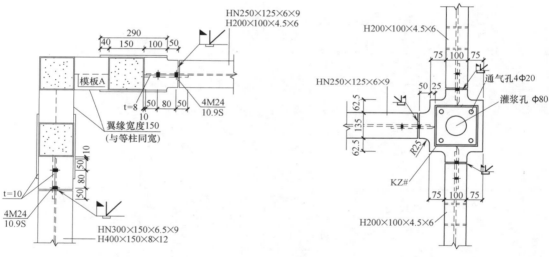

图 3.137　外肋环板节点   图 3.138　隔板贯通节点

图 3.139　外肋环板节点

图 3.140　隔板贯通节点

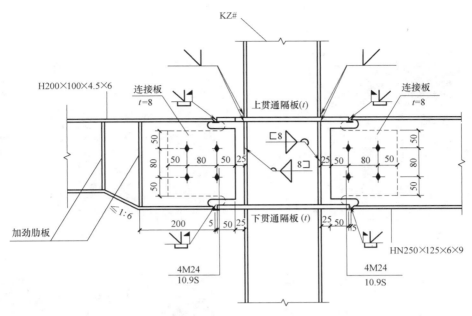

图 3.141 贯通隔板剖面图

梁柱节点采用高强螺栓与焊接相结合的方式，摩擦型连接的高强度螺栓强度级别为 10.9S，在高强螺栓连接范围内，构件摩擦面采用喷丸处理，抗滑移系数≥0.45。此连接方式减少了高空焊接作业，施工方便、快捷，质量更容易保证；梁、柱外包防火板，局部喷涂防火涂料，达到设计要求的耐火等级。

2.1.3 支撑

支撑采用人字形和十字交叉两种形式，构件采用矩形截面方钢管，节点构造简单（图 3.142～图 3.145）。

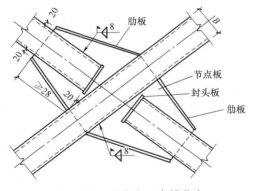

图 3.142 十字交叉支撑节点

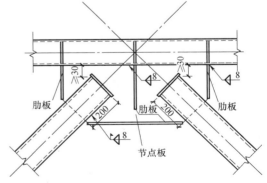

图 3.143 人字形支撑节点

2.2 围护结构技术应用

2.2.1 楼板

楼板部分采用钢筋桁架楼承板，部分采用了混凝土现浇板。钢筋桁架楼承板工厂制作，产业化水平高，施工速度快，但是底部铁皮对住宅建筑处理稍显困难。现浇混凝土楼板，相比钢筋混凝土结构施工简单，可以利用 H 型梁下缘作为支撑，楼板配筋也比较简单，板底平整度高（图 3.146、图 3.147）。

图 3.144　十字交叉支撑

图 3.145　人字形支撑

图 3.146　钢筋桁架楼承板

图 3.147　现浇楼板

2.2.2　墙板

外墙及内墙部分采用砂加气混凝土墙板（以下简称"AAC 板"），AAC 板主要由水泥、硅砂、石灰和石膏为原料，以铝粉（膏）为发气剂制作而成，具有轻质、高强、防火、自保温、节能、环保、省工省料、施工便捷等特点。该墙板轻质高强、保温隔热、防水抗渗、安全耐久、隔声防火性能良好、绿色环保、经济适用、安装方便。表面平整程度高，无需抹灰可直接粉刷墙体涂料，该材料具有一定的承载能力，其立方体抗压强度大于 3.5Mpa，抗震性能良好，具有较大变形能力，允许层间位移角达 1/150，是一种性能优越的新型建材（图 3.148）。

墙板与结构采用钩头螺栓和专用直角钢件连接。隔墙顶部为混凝土时，用射钉或膨胀螺栓将直角钢件固定于楼板顶部，直角钢件与隔墙通过空心钉锚固，隔墙顶部为钢构件时，将直角钢件同钢构件焊接，隔墙板底部采用直角钢件固定；隔墙门洞口采用扁钢加固，隔墙转角、丁字墙等位置采用销钉加强，每道隔墙靠柱一侧第一块板材采用管卡和直角钢件双重固定（图 3.149、图 3.150）。

外墙与结构连接采用钩头螺栓法进行内嵌或外挂，当 AAC 板底部坐在混凝土楼板上时，板底加设导向角钢，导向角钢用金属锚栓固定于楼板上（图 3.151）。

图 3.148　砂加气混凝土墙板安装照片

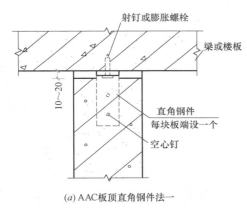
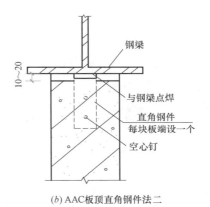

(a) AAC 板顶直角钢件法一　　　　(b) AAC 板顶直角钢件法二

图 3.149　AAC 内墙板顶部安装做法

2.3　设备管线、装修技术

厨卫、管线布置同传统建筑设计，利用 BIM 技术优化管线布置，墙体部位线管采用剔槽暗埋方式敷设。

内墙装饰采用 2～3mm 厚粉刷石膏面层两遍压光，板缝之间剔 V 形槽，用 AAC 板专用胶粘剂勾缝，表面压入一层 100mm 宽耐碱玻璃纤维网防裂（图 3.152）。

厨卫间墙体用 15 厚 M10 混合砂浆分两遍找平，粘贴 300×450 面砖。

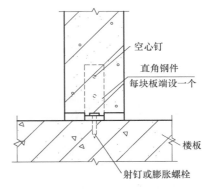

图 3.150　AAC 板底部安装做法
（AAC 板底直角钢件法）

2.4　信息化技术应用

运用 BIM 技术制作钢结构信息模型，利用模型对钢结构图纸进行优化设计，有利于构件加工制作；利用 BIM 模型进行管线综合、碰撞检查、安装工序模拟、进度模拟，有

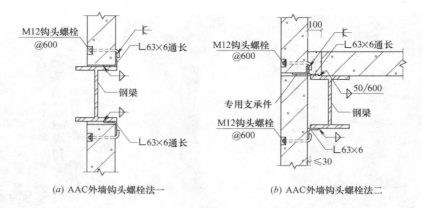

(a) AAC外墙钩头螺栓法一　　　　　(b) AAC外墙钩头螺栓法二

图 3.151　AAC 外墙板安装做法

助于控制施工质量和进度；利用 BIM 模型储存构件详细信息，生成构件信息记录文件，为后期运维可视化管理提供依据（图 3.153、图 3.154）。

图 3.152　内墙装饰做法

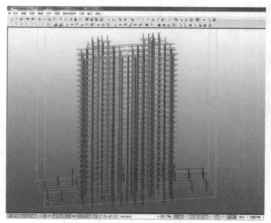

图 3.153　BIM 模型图

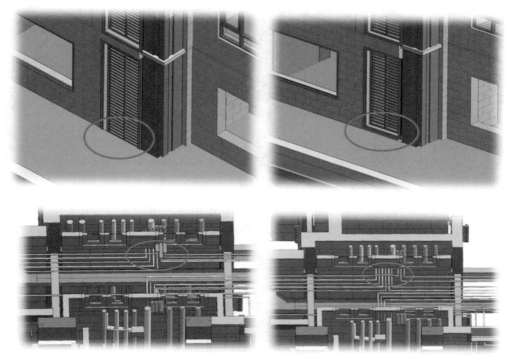

图 3.154 管道综合和碰撞检查

3 构件生产、安装施工技术应用情况

3.1 钢构件生产制作与运输管理

（1）板材、型材切割尺寸的控制：全部采用数控切割机下料，保证切割精度和变形控制。板材采用数控火焰切割方法，型材采用三维数控设备精密切割方法，以提高切割精度、减少变形，确保装配质量满足焊接要求，保证制造质量（图 3.155）。

（2）钢结构工程构件的制作质量精度控制：零件下料时留出恰当的焊接收缩补偿量，在普通构件本体上根据构件长短决定留取量，纵焊缝每米收缩 0.6～1.4mm，焊透梁高收缩 1.0mm，梁的长度收缩 0.3mm，根据构件加工经验，焊接收缩补偿量在较小的零部件上留取 0.5～1.5mm，焊接收缩补偿量与构件的结构形式关系密切，不同构件根据具体情况再做调整（图 3.156）。

图 3.155 板材、型材切割

图 3.156　钢梁生产加工

（3）多段方管拼接尺寸控制及方管间双层主肋的组装：保证各段方管的中心线重合是构件拼接制作的关键。制作时，每支方管对接后，放在校平胎架上校正，保证多段方管的拼接尺寸（图 3.157）。

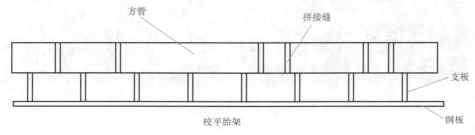

图 3.157　多段方管拼接

（4）多方管组合组装精度控制技术：工程施工中，上下节的对接尺寸是关键，应该严格控制其重合度。用数控切割机将 6mm 钢板切割出尺寸定位样板，在对构件主体进行装配时，用定位样板对构件两端进行定位，保证构件上下节拼接尺寸一致。在焊接完成后，再次对构件两端尺寸进行样板校正，对焊接变形部位用机械螺旋千斤顶调整空间尺寸，并配合火焰校正，保证构件外观尺寸。

（5）多方管组合焊接防变形：构件由多根方管组合而成，2.5m 长的主杆上布置了 8 块主肋板，对焊接工艺要求高。制作时，按照"零件—部件—构件"的顺序进行焊接。在焊接构件时，采用半自动双边同步焊接技术，本技术可以解决小截面钢构件焊接热应力产生的变形问题，可满足对焊高、焊角以及焊缝外观质量的要求（图 3.158）。

图 3.158　异形柱构件

3.2　装配施工组织与质量控制

3.2.1　建立健全质量保证体系

（1）公司抽调精英力量组建项目经理部，项目部建立质量管理体系，制定项目岗位责任制，明确职责，并落实到每个管理人员。明确各级生产质量第一责任人，安排专职质量员，实行质量一票否决制。

（2）项目建设施工过程中，坚持事前预控、过程监控和事后验控的动态管理，对影响工程质量的各项因素进行全面地分析和监管，实施全过程质量管理。同时运用综合信息管理系统进行质量管控。

（3）根据集团、公司质量管理制度、施工图纸、规范等，编制施工组织设计和专项施工方案，并按照集团审批流程进行三级审批。

3.2.2　焊接质量保证措施

（1）根据图纸设计要求，现场焊缝均为二级焊缝，采用手弧焊和二氧化碳保护焊两种方式。采购合格的焊条、焊剂，有质量证明书。电焊机电源专线供给，并配备总开关箱，主要设备设置专用自动调压器，确保施焊过程中电压稳定。

（2）各类焊工必须经过焊工考试并取得国家机构认可部门颁发的资格等级证明书，并在有效期之内。并定期对焊接工人进行考核，培训。焊接过程中要求每道焊缝需做好标记，责任到人。

（3）焊接前进行工艺评定试验，工艺评定试验必须能够覆盖所有焊缝的焊接需求。

（4）外观自检合格后的焊缝，根据规范要求，抽取 20% 焊缝进行超声波检测。第三方超声波探伤检测抽取其中的 3% 进行检测（图 3.159）。

图 3.159　焊缝外观检查及超声波探伤检测

（5）焊接 H 型钢免清根全熔透埋弧焊技术在本项目中得到应用推广，埋弧焊采用单头双丝技术，工作效率比普通埋弧焊提高近 2 倍。

3.2.3　高强螺栓施工质量保证措施

（1）在钢构件安装前清除飞边、毛刺、焊接飞溅物。已产生的浮锈等杂质，用带钢丝刷的电动角磨机刷除干净。遇高强螺栓不能自由穿入螺栓孔位时，用电动铣孔器修正扩孔，修扩后的螺栓孔最大直径不大于 1.2 倍螺栓公称直径，扩孔数量须取得设计单位的认可。

（2）高强螺栓在孔内不得受剪，螺栓穿入后必须及时拧紧。高强螺栓连接如施工有较大安装误差，通知设计人员处理，高强螺栓施工完成的构件，不得有物体冲击（如吊装卸料等）。无论何种原因，若拧紧后，螺栓或螺帽出现松脱，整个螺栓组合件不得继续使用。

3.2.4　防腐涂装施工质量保证措施

现场防腐涂料施工前必须对需补涂部位除锈处理，除锈方法采用电动钢丝刷或抛光机，除锈质量等级需达到设计要求。钢板边缘棱角及焊缝区要研磨圆滑。露天涂装作业应选在 5～35℃的环境中进行，湿度不得超过 85%。涂刷应均匀，完工的干膜厚度应及时用干膜测厚仪进行检测。钢构件进场后对其防锈漆喷涂厚度进行自检，填写漆膜厚度检验表。

3.2.5　钢结构防火涂料施工质量保证措施

当底涂层厚度符合设计要求，并基本干燥后，方可进行面层涂料涂装；面层涂料涂刷 2 遍，第一遍从左至右涂刷，第二遍从右至左涂刷，以确保全部覆盖住底涂层；面层涂装施工应保证各部分颜色均匀、一致，接槎平整。

3.2.6　钢结构防火板施工质量保证措施

在防火板安装前，对蒸压砂加气混凝土板进行二次排板设计、进行节点优化，排板设计需经原设计单位进行确认。防火板在工厂按优化图纸规格加工成型，减少现场切割，按优化设计后的节点要求进行板材与钢结构的可靠连接，保证安装质量和外观质量（图 3.160）。

3.2.7　柱芯混凝土质量保证措施

钢管柱内混凝土采用自密实混凝土，混凝土配合比经过了严格的优化设计，按设计要求在钢管柱节点位置设置排气孔，排气孔处采取了防止灰浆污染柱身的措施。

在施工中严格控制混凝土的浇筑速度。浇筑过程中，通过精确计量混凝土浇筑方量和敲击柱身相结合的方法进行柱内混凝土的密实度检查、浇筑完成后，全数构件采用超声波法进行自检，并抽取 25% 构件委托第三方进行超声波检查，对不密实的部位，采用钻孔压浆法进行补强（图 3.161）。

图 3.160　钢结构防火板施工照片

图 3.161　构件超声波检查

4　效益分析

4.1　成本分析

在该工程施工过程中，我们与同期施工的现浇钢筋混凝土剪力墙结构公租房进行了成本对比分析，如表3.23所示。

本项目与现浇混凝土项目成本对比分析　　　　　　　　　　　表3.23

项目名称	现浇剪力墙公租房	福康家园2号楼（钢框架剪力墙）	福康家园5号楼（钢框架）
	单方造价（元/m²）	单方造价（元/m²）	单方造价（元/m²）
工程概况（含建筑面积）	短肢剪力墙结构，建筑面积17790.59m²，地下2层，地上26层	矩形钢管混凝土柱—H型钢梁框架支撑剪力墙结构，24448m²，地下1层，地上25层	矩形钢管混凝土柱—H型钢梁框架支撑结构，8540.22m²，地下1层，地上18层
钢材	313.51	554.00	649.00
混凝土工程	256.27	160.72	127.95
成本合计	1954.19	2183.79	2249.98

4.2　用工分析

在施工过程中，对用工量进行统计，与同期施工的钢筋混凝土剪力墙结构的公租房建筑进行了对比，对比分析如表3.24所示。

本项目与现浇混凝土项目基本情况对比　　　　　　　　　　　表3.24

工程名称	结构类型	层数	建筑高度（m）	建筑面积（m²）	基础形式	地下室层数
福康家园3号楼	钢管混凝土组合柱	18	52.1	7617	预制管桩	1
滨河龙韵10号楼	钢筋混凝土剪力墙	18	56.5	7586	预制管桩	1

主体工程用工量对比如图3.162所示。

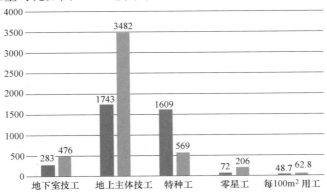

图3.162　主体工程用工量对比图

注：①技工包括：测量工、木工、钢筋工、混凝土工、水暖工；
　　②特种工包括：电焊工、电工、架子工、吊装、起重工；
　　③零星工包括环境卫生、清理、安防等零星用工。

主体施工综合用工量：地下室技工减少 40.5%；地上主体技工减少 49.9%；特种工增加 182.8%；零星工减少 65%；综合得出钢结构每 100m² 用工减少 22.5%。

4.3 用时分析

主体工程施工工期与同期施工的钢筋混凝土剪力墙结构的公租房建筑进行对比，对比分析如图 3.163 所示。

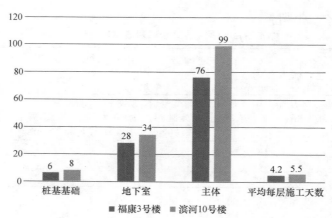

图 3.163　主体施工工期（日）对比图

主体工程综合施工工期：桩基基础工期减少 25%；地下室工期减少 17.6%；主体工期减少 23%；平均每层施工天数减少 23.6%。

4.4 "四节一环保"分析

4.4.1 节能、节地方面

（1）钢结构建筑采用高强钢构件承重，减少了混凝土的用量。经测算，本项目比同等面积的钢筋混凝土框架剪力墙结构减少混凝土用量 1.38 万 m³，少消耗水泥 4830t，少开采砂、石近 2 万 m³，保护了土地资源，降低了资源消耗。

（2）钢结构构件采用工厂批量流水方式加工制作，工人操作熟练，劳动生产率高，规模效应明显；工厂加工机械使用带变频技术的节能、高效加工设备，能源利用效率高。

（3）钢构件吊装过程中，自主研发了高空吊装钢柱梁的自动脱钩吊具应用技术，使用电机、无线控制线路及蓄电池组，操作人员可以在地面控制吊钩自动脱钩，节省了吊装设备能源能耗，加快了构件安装时间。

（4）根据施工进度，合理制定构件进场方案，构件进场即到即吊，减少堆场数量，节约了土地资源。

4.4.2 节水方面

（1）钢结构建筑由于混凝土用量少，拌合和养护用水量也少，特别是钢管柱内混凝土，浇筑完毕后不需要浇水养护，初步统计，本项目混凝土拌合和养护方面节省水资源 2.25 万 m³，达到了节水的效果。

（2）钢结构主体施工阶段，施工速度快、施工工期短，过程中所需的基坑降水期也短，本项目主体施工较普通钢筋混凝土剪力墙结构工期提前 35 天，基坑降水也缩短 35

天，节省了地下水资源。

（3）办公区设置了雨水收集系统，将收集的雨水用于洗车、喷洒路面和绿化浇灌，达到了水资源的循环利用。

4.4.3　节材方面

（1）钢结构建筑整体重量较钢筋混凝土剪力墙结构降低了 25%，减少了材料用量和地基处理费用，经测算，该项目减少使用地基管桩 5600m。

（2）钢构件全部在工厂加工、制作，构件加工精度高，配合尺寸精度高的砂加气混凝土板材墙体，房间方正，室内墙体不需抹灰，节省了抹灰材料。

（3）钢管柱内灌注混凝土，免除了模板支设，避免了混凝土的"跑冒漏滴"，节省了模板木材的消耗，降低了混凝土的浪费。

（4）楼板支模采用了无支撑现浇楼板方案，减少了木材的消耗，与同期施工的钢筋混凝土剪力墙结构公租房建筑对比，模板和方木的使用量大幅降低，主体施工阶段每 100m² 使用模板减少了 74%；每 100m² 使用方木减少了 94.8%。

对比分析如图 3.164 所示。

无支撑楼板方案还减少了支撑钢管使用量，经测算，本项目减少钢管租赁 1045t（图 3.165）。

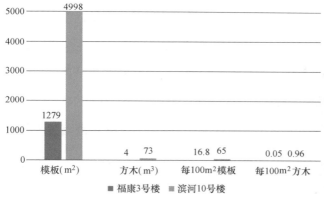

图 3.164　模板和方木使用量对比图

图 3.165　钢结构住宅无支撑现浇楼板技术

4.4.4　环境保护方面

（1）钢结构建筑降低了混凝土的用量，减少了砂石的开采量，保护了生态环境；

（2）钢结构建筑施工占地面积小，现场可以进行大量场地绿化，雨水通过绿植直接渗入地下，促进了雨水资源的利用，减少了雾霾；

（3）钢管柱内混凝土采用自密实混凝土，减少了振捣工序，降低了噪声；

（4）墙体采用预制构件，构件尺寸精确，免除了抹灰工序，现场施工垃圾减少，施工污染得到控制；现场用工量减少，工人临时设施少，生活垃圾少，促进了环境保护。

【专家点评】

近年来，多高层钢结构住宅的建设数量逐渐增加，但是也产生了一些问题，其中一个比较关键的问题就是钢结构一般是由钢框架组成，而框架柱的截面尺寸一般在 400mm 左右，这就使得户内会出现外凸的柱角。我国住宅多为砌体结构和混凝土剪力墙结构，因此居民对于室内外凸的柱角的住房并不适应，而且如果不采取额外措施，外凸的柱角确实也影响美观性，甚至影响建筑的使用功能。一般来讲，解决室内柱角外凸的方式有两种方法：一是通过合理的户型设计以及内装设计来隐藏这些柱角；二是通过结构手段来解决这一问题，也就是采用异形柱的方式。

大元集团与沧州市住房和城乡建设局合作承建的沧州市福康家园公共租赁住房住宅项目。与传统的方钢管柱不同，该项目采用了由多根单肢方钢管混凝土相互之间通过连接构件进行连接而成的组合异形钢管混凝土柱，具有以下一些优点：

（1）组合柱具体截面形式分为 L 形、T 形以及十字形，分别作为建筑的角柱、边柱和中柱。组合柱截面形式灵活，可根据实际工程需求，灵活调整单肢柱的间距，提高了建筑室内空间美感。建筑效果好，同钢筋混凝土结构一样隐藏于墙体内部，室内不露柱角，方便家具的摆设。钢管一般为 150×150，钢管内部混凝土采用自密实混凝土，这样配合上 200mm 厚度 ALC 板作为内嵌的外墙基层，可以实现室内无柱。

（2）该项目的梁柱节点采用了新型的外贴板式的节点，这种节点方式比较适合这种梁柱翼缘同宽的结构形式，传力明确，并且外贴板对于梁端的抗弯承载力有加强的功能，可以实现类似于《高层民用建筑钢结构技术规程》JGJ 99 中加强型节点的构造。另外，本工程在不影响使用的区域仍采用常规的冷弯箱型截面，并采用了贯通式隔板，克服了外环板占用建筑使用空间的弊端。

（3）项目的楼板采用了现浇混凝土楼板，利用 H 型梁下缘作为支撑，可以实现快速支模。组合异形柱和梁的防火采用蒸压加气混凝土板进行包裹，单柱、支撑及细部用了厚型防火涂料。

该项目亦存在一些提升空间，在后期实践中，可逐步加以完善：

（1）在建筑户型方面，尽管新型体系的适应性更强，但仍缺少针对住宅建筑特点和钢结构优势的设计；

（2）150 厚钢结构柱采用外包防火板做法，柱截面加大，无法完全隐藏；

（3）在设计时，应将结构、外围护等结合内装设计一同考虑；

（4）组合异形柱构件焊接工作量很大，应进一步完善加工控制措施，确保构件拼装质量。

（王喆　中国建筑标准设计研究院有限公司郁银泉工作室（钢结构所）所长）

案例编写人：

姓名：郑培壮

单位名称：大元建业集团股份有限公司

职务或职称：正高级工程师

【案例 7】 杭州市转塘单元 G-R21-22 地块公共租赁住房

摘　要

杭州市转塘单元 G-R21-22 地块公共租赁住房是杭州市政府重点打造的装配式钢结构住宅项目，项目全面采用精装修，并采用了集成式厨房、集成式卫生间、太阳能建筑一体化、雨水回收回用、智能化远程物管系统等，具有明显的绿色建筑和智能建筑的特征，提高了居住的舒适性和便利性。本项目通过优化梁柱节点连接，并优化矩形钢管混凝土—H型钢梁框架—支撑体系的围护结构系统，充分体现出了工厂预制化水平高、抗震抗火性能好、现场装配方便、绿色环保等优点。

1 典型工程案例

1.1 基本信息

（1）项目名称：杭州市转塘单元 G-R21-22 地块公共租赁住房

（2）项目地点：之江地区转塘单元 G-22 地块

（3）开发单位：杭州之江国家旅游度假区农转居多层公寓建设管理中心

（4）设计单位：汉嘉设计集团股份有限公司

（5）深化设计/施工/生产单位：浙江东南网架股份有限公司

（6）项目进展情况：已完工

1.2 项目概况

本工程为杭州市转塘单元 G-R21-22 地块公共租赁住房项目，位于杭州市西湖区转塘街道，地块东至象山路，南至鸡山路，西至双流路，北至规划支路。本工程主要包括地下室和 1 号、2 号、3 号、4 号、5 号楼 5 栋住宅楼和配套服务用房。项目规划用地面积约 24426m²，总建筑面积 91837m²。其中 1 号-5 号楼为 20 层，建筑高度 59.8m，1 幢 3 层的配套服务用房，设地下 2 层地下车库（图 3.166、图 3.167）。

图 3.166　鸟瞰图

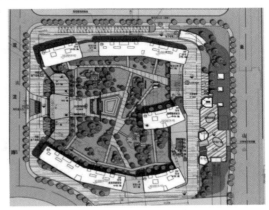

图 3.167　总平面图

地下室为一整体，建筑功能主要为停车库、人防，长达 146m，宽达 126m。地下 2 层标高为 −9.70m，地下 1 层标高为 −5.85m。本工程 1 号、2 号、3 号、4 号、5 号住宅楼均为钢框架-支撑体系，层数均为 20 层，标准层层高为 2.8m。1 号塔楼（住宅层每层 6 个单元，包括 2 个 A 户型和 4 个 B 户型），2 号、5 号塔楼（住宅层每层 14 个单元，包括 2 个 D 户型，10 个 E 户型，2 个 G 户型），3 号、4 号塔楼（住宅层每层 6 个单元，包括 2 个 A 户型，2 个 B 户型，2 个 C 户型）（图 3.168）。

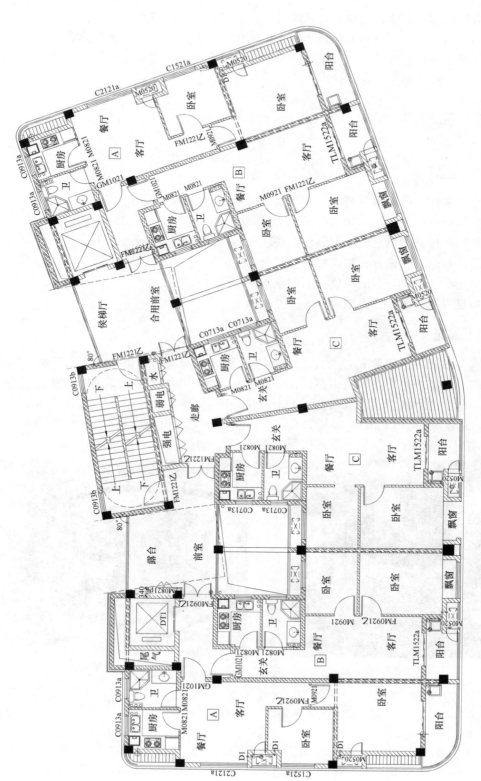

图 3.168 标准层平面图

1.3　工程承包模式

本项目由东南网架施工总承包，承包范围为本项目的桩基工程、土建工程、安装工程、装饰装修工程、消防工程、弱电工程、幕墙工程、钢结构工程、室外附属工程等。

2　装配式技术应用情况

图 3.169　实景拍摄图

2.1　主体结构技术应用

2.1.1　设计基本参数

本工程的设计基准期为 50 年，设计使用年限为 50 年，建筑结构的安全等级为二级；抗震设防烈度为 6 度（0.05g），场地类别为Ⅲ类，地震分组为第一组，50 年一遇的基本风压为 0.45kN/m²，地面粗糙度为 B 类。防火等级为一级，钢柱、支撑耐火极限为 3h，

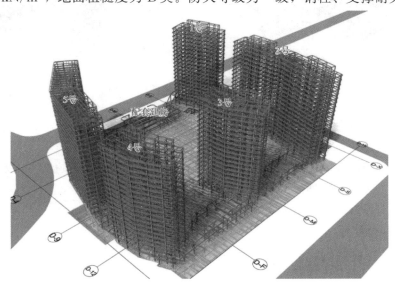

图 3.170　整体模型图

钢梁耐火极限为 2h，楼板耐火极限为 1.5h。

2.1.2 钢结构构件概况

地上共 5 栋塔楼，结构形式均采用钢框架支撑体系。各塔楼钢柱为箱型柱，钢柱最大截面为□500×550×30×30；楼层钢梁为 H 型钢梁，钢梁最大截面为 H1100×300×18×25；楼层钢支撑为方管支撑，最大截面为□300×300×30×30。地下为整体钢结构地下室，由钢管混凝土柱及楼层钢梁组成，地下室钢柱主要为箱型混凝土柱，钢柱最大截面为□500×550×30×30；楼层钢梁为 H 型钢梁，钢梁最大截面为 H1100×500×18×30。

每栋住宅楼钢结构部分由钢柱、钢梁、钢支撑组成。1 号住宅塔楼总用钢量为 1060t，2 号住宅塔楼总用钢量为 1848t，3 号住宅塔楼总用钢量为 948t，4 号住宅塔楼总用钢量为 901t，5 号住宅塔楼总用钢量为 1691t，配套用房总用钢量为 79t。

2.1.3 结构体系

本示范工程各单体采用矩形钢管混凝土柱＋钢梁＋矩形钢管支撑体系；楼层梁采用实腹 H 型钢梁，钢结构上的楼板采用钢筋桁架混凝土楼承板。

本项目部分梁柱节点刚接节点采用直通横隔板式梁柱刚接节点。该节点是将矩（方）形钢管混凝土柱通过横隔板与钢梁翼缘采用对接熔透焊缝连接，与梁腹板采用高强度螺栓连接。相对于内隔板式连接节点，该节点避免了柱壁内外两侧施焊引起柱壁板变脆的缺陷，柱壁不易发生层状撕裂，提高了节点的延性。解决了柱壁板较薄时内隔板式连接节点的制作难题（图 3.171）。

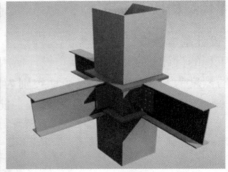

图 3.171　贯通横隔板式梁柱连接节点

方钢管柱与 H 钢支撑的连接节点可采取如图 3.172 所示的处理方法。钢支撑连接采用现场等强高强螺栓连接，达到现场装配化施工。

由于地脚锚栓埋件的形式是单根螺杆，相互之间不能形成稳定的结构体系，柱脚段在钢筋混凝土施工之前安装到位，因此地脚锚栓需要利用专门的支架，支架的作用主要为固定地脚锚栓和支撑钢柱地脚段（图 3.173）。

2.1.4 楼板工程概况

钢筋桁架混凝土楼板计算时与普通现浇混凝土设计理论等同，而其钢筋桁架三角受力模式能提供更大的刚度，且双向刚度一致，具有更好的抗震性能。钢筋桁架楼承板底板覆层及钢筋桁架腹杆钢筋增强了楼板的受力性能，能提供更久的使用年限。

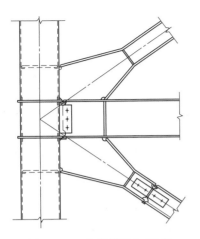

图 3.172　方钢管柱与 H 钢
　　　　支撑的连接节点

图 3.173　柱脚埋件及固定支架

其工作原理：将 5 根钢筋（1 根上弦筋＋2 根下弦筋＋2 根腹杆筋）在工厂内通过自动化设备成型、高频焊接成稳定的三角桁架，再将桁架与镀锌钢板点焊成一体的组合楼承板。充分继承了第一、二代楼板的各自优势，并有效规避其不足（图 3.174）。

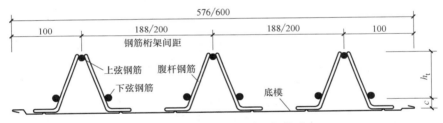

图 3.174　钢筋桁架楼承板构造

设计时，尽可能使钢筋桁架楼承板连续，这是因为连续板较简支板的挠度小，这样施工阶段楼承板变形小，有利建筑美观。但单块楼承板的长度不宜大于 12m，以方便运输及施工（图 3.175）。

在不增加楼板厚度的前提下，钢筋桁架楼承板可在现场做双向配筋，很容易实现双向板设计要求。

2.1.5　钢结构防腐介绍

（1）本工程防腐设计按照建筑设计年限考虑，防腐涂料应满足良好的附着力、与防火涂料相容、对焊接影响小等要求。防腐涂料的所有防腐涂层材料的质量标准应符合现行国家标准，应通过国内权威机构关于底漆干膜锌含量以及耐老化测试的第三方检测报告。针对不同环境要求的防腐涂料方案须经设计认可后方可施工。

（2）防腐涂料底漆采用环氧富锌防锈漆（锌粉含量＞80％）二道，最小干膜厚度 80μm；中间漆采用环氧云铁二道，最小干膜厚度 45μm；面漆可采用丙烯酸聚氨酯。

2.1.6　钢结构防火介绍

（1）本工程的耐火等级为一级：柱、支撑、桁架、钢拉杆的耐火极限为 3h，梁的耐火极限为 2h，楼板、钢楼梯的耐火极限为 1.5h。

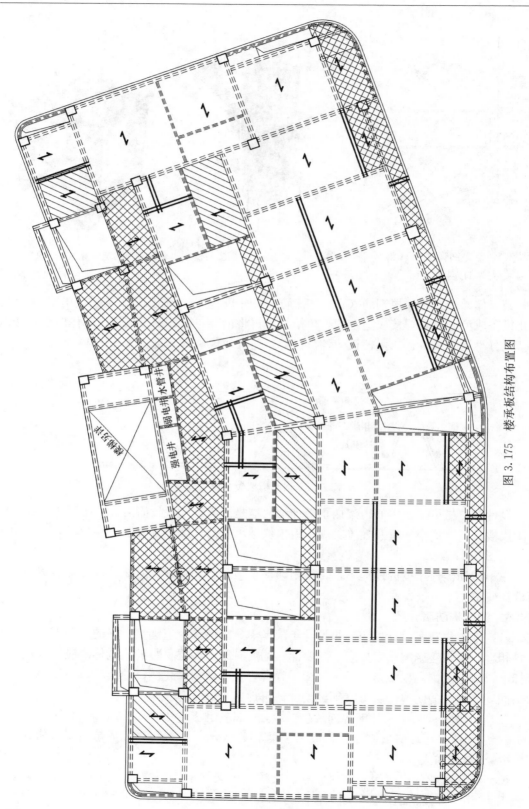

图 3.175 楼承板结构布置图

（2）本设计要求对柱、梁、支撑、钢桁架、钢拉杆、钢楼梯及钢板组合楼板采用厚涂型防火涂料。防火涂料的厚度须达到构件的耐火极限。防火涂料与钢结构防锈漆必须相容。防火涂料的性能、涂层厚度及质量要求应符合《钢结构防火涂料》GB 14907 的要求。

（3）钢结构防火涂料施工前应充分搅拌均匀后方可施工使用，施工第一遍后，表干后 18~24h 进行第二遍施工，以后各遍施工，涂层厚度应根据需求控制，直至达到规定厚度。每次施工时间间隔为 18~24h 以上，施工环境温度为 0~40℃。基材温度为 5~45℃。空气相对湿度不大于 90%，施工现场空气流通，风速不大于 5m/s，室外作业或施工构件表面结露时不宜施工。

2.2　围护结构技术应用

本工程的墙体材料采用蒸压加气混凝土砌块和纤维水泥条板墙体。外墙采用砌块以及纤维水泥板 EPS 轻质混凝土条板墙，内墙采用砌块以及纤维水泥板 EPS 轻质混凝土复合墙板；砌块外墙 200 厚，EPS 混凝土条板墙 120 厚；住宅套内隔墙 120 厚，剪刀梯之间的隔墙 100 厚，分户墙 150 厚，带支撑处墙体 250 厚，非支撑处砌块墙体 200 厚，蒸压加气混凝土砌块的地上建筑外墙用 M5 混合砂浆，地上建筑内墙用专用砂浆。地下室内隔墙、卫生间、厨房间隔墙采用 M7.5 混合砂浆，与土直接接触的墙采用 M10 水泥砂浆。墙体拉结筋、抗震构造柱钢筋、大模板混凝土墙体钢筋及各种预埋件、暖卫、电气、电气管线等，均要求不得任意拆改或损坏。

内墙采用纤维水泥板 EPS 聚苯颗粒轻质复合条板，该板以聚苯颗粒和水泥混合为芯材，双面复合纤维水泥板，质量轻、其容重为 700~750kg/m³，75mm 厚墙板的重量为 57kg/m²，仅为 120mm 砌体＋两面抹灰墙体重量的 1/5~1/3。如果建筑物从基础结构设计上就开始考虑使用轻质墙板，可大大减少结构和基础造价，而且优化梁柱结构，室内整体布局更趋合理，可提高使用功能。再加上增大使用面积、施工快等优点，其经济收益更优越。

在超长墙体在安装时要求每超过 3~4 片板中间预留一条收缩缝，收缩缝要求在公母槽之间，应用浆料连接，两面深度应小于 30mm，宽度不得超过 15mm。顶部与梁柱连接处，都预留不得超过 20mm 的收缩缝，墙体安装好收缩缝应在 30 天后用膨胀剂填充（预留收缩缝的目的是减少超长墙体的应力收缩，从而杜绝裂缝产生）（图 3.176、图 3.177）。

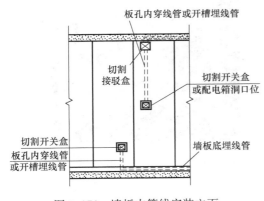

图 3.176　墙板内管线安装立面

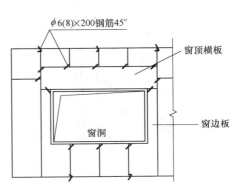

图 3.177　窗洞墙板立面示意图

2.3 设备系统技术应用

本项目暖通风管采用穿钢梁预留孔洞设计、电气线路均结合复合墙体穿钢管及 PC 管预埋，管线均在吊顶及墙体内敷设，充分体现装修与结构、机电设备一体化设计及管线与结构分离的集成技术。管线系统通过管道井、桥架等方式集中布置，做到管线及点位按需求配置并预留到位。

钢结构墙体、楼板布设管线要求高，如不合理交叉易导致出现隔声、保温、渗漏方面的质量问题。钢结构在设计中应用 BIM 技术，实现管线碰撞检查，解决综合布线问题，满足高标准要求（图 3.178、图 3.179）。

图 3.178　梁腹板穿风管管道孔　　　　图 3.179　复合墙体集合管线

2.4 装饰装修系统技术应用

该项目作为杭州市智慧建筑综合示范项目，按照高星级绿色建筑标准设计和建造。全面集成装修系统、卫浴系统、整体厨房、太阳能一体化、雨水回收系统（图 3.180）。

图 3.180　转塘项目集成装修样板房

装配式装修技术，贯彻结构与内装管线分离的理念，全面采用干式工法施工，实现了装配化装修，达到了质量好、施工快、无污染的效果（图 3.181）。

　　整个设计过程中全面关注影响管线综合的各类因素，除建筑结构及管线本身尺寸外，还要考虑到保温层厚度，施工维修所需要的间隙，吊架角钢、吊顶龙骨所占空间，以及有关设备如吊柜空调机组和吊顶内灯具，装修造型等各种有关因素。

图 3.181　集成装修方案图

　　集成装修具体做法如下：

　　（1）集成地面系统，地脚支撑定制模板，架空层内布置水暖电管，地脚螺栓调平，对 0～50mm 楼面偏差有强适应性，地暖管 20 年品质保证，模块内保温板布管灵活，超耐磨集成仿木纹免胶地板，快速企口拼装（图 3.182）。

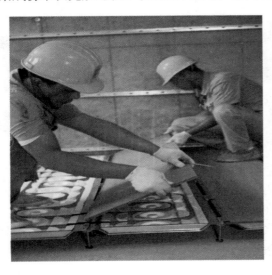

图 3.182　集成地面系统

（2）集成墙面系统，轻质墙适用于室内任何分室隔墙，灵活性强，对于隔墙或结构墙面，专用部件快速调平墙面（图 3.183）。

图 3.183　集成墙面系统

（3）集成吊顶系统，专用龙骨与墙板顺势搭接，自动调平，专用龙骨承插加固吊顶板，免吊筋、免打孔、现场无噪声（图 3.184）。

（4）快装给水系统，水管通过专用连接件实现快装即插，卡接牢固。该操作工效快、质量可靠，且全部接头布置顶内，便于翻新围护（图 3.185）。

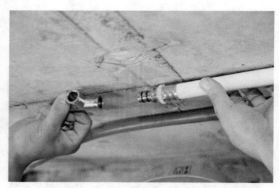

图 3.184　集成吊顶系统　　　　　　　　图 3.185　快装给水系统

（5）薄法排水系统，在架空地面下，布置排水管，与其他房间无高差，空间界面友好，所有排水管胶圈承插，使用专用支撑件在结构地面上顺势排至共区管井（图 3.186）。

（6）集成卫浴系统，墙板嵌入止水条，实现墙面整体防水，地面安装工业化柔性整体防水底盘，通过专用快排地漏排出，整体密封不外流（图 3.187）。

（7）集成厨房系统，橱柜一体化设计，实用性强，排烟管道暗设吊顶内，采用定制的油烟分离烟机，直排、环保、排烟更彻底（图 3.188）。

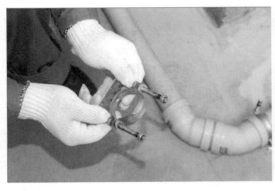

图 3.186　薄法排水系统

图 3.187　集成卫浴系统

图 3.188　集成厨房系统

2.5　信息化技术应用

　　构件施工管理采用 ERP 企业资源管理系统将设计阶段信息模型与时间、成本信息关联整合，进行管理，结合构件中的条形码记录构件吊装、施工关键信息，追溯、管理构件施工质量、施工进度等，实现施工过程精细化管理。

3　构件生产、安装施工技术应用情况

3.1　复合内墙板施工技术

　　复合板与型钢柱或钢梁连结需电焊附件或射钉固定卡件（钉固件为 L 型扁铁 L200×30×2），其主要施工顺序如下：

　　（1）放线：在墙板安装部位弹基线与楼板底或梁底基线垂直，以保证安装墙板的平整度和垂直度等，并标识门洞位置。

　　（2）切割：墙板在安装过程中，基本实行干法作业，切割板墙必须用水时，采取措施使用水量减到最小用量。

（3）上浆：先用湿布抹干净墙板凹凸槽的表面粉尘，并刷水湿润，再将聚合物砂浆抹在墙板的凹槽内和地板基线内。

（4）装板：用铁撬将墙板从底部撬起，用力使板与板之间靠紧、使砂浆聚合物从接缝挤出，一定保证板缝的砂浆饱满，用木楔将其临时固定。

（5）校正：墙板初步拼装好后，要用2m的直靠尺检查平整度和垂直度，并用铁撬校正，再用木楔及$\phi6$或$\phi8$钢筋作上下固定。

（6）固定：墙板与楼板（顶或底部）、相邻两块墙板、墙板上下连接等除用聚合物水泥砂浆粘结外，还应用200~250mm长$\phi6$或8钢筋加强处理。

（7）安装顺序：从结构部位一端向另一端顺序安装，由楼板底面向楼板顶或梁底安装。当墙端宽度或高度不足一块整板时，应使用补板。高度水平向为错缝安装（表3.25）。

复合墙体外观质量指标表 表3.25

序号	项　　目	指　　标
1	板面外露芯材，飞边毛刺；板面泛霜；板的横向、纵向、厚度方向贯通裂纹	无
2	复合条板面层脱落	无
3	板面裂纹，长度50~100mm，宽度0.5~1.0mm	≤1处/板
4	蜂窝气孔，长径5~30mm	≤2处/板
5	缺棱掉角，宽度×长度：10mm×25mm~20mm×30mm	≤2处/板

实施过程中，为了最大限度地消除和避免成品在施工过程中的污染和损坏，项目部制定了成品保护措施，以达到减少和降低成本、提高成品一次合格率、一次成优率的目的。具体措施如下：

（1）轻质隔墙板装卸搬运过程时避免碰撞，运输工具底部须平整，装车后应采取固定措施，确保途中不移位滑撞。

（2）吊运或叉运时，整垛板材必须堆叠整齐，防止钢绳或叉车铲子碰坏板的边缘。

（3）手工逐张装卸时必须注意防止碎片杂物夹在板之间，如不及时清理，可能使板压裂或变形。

（4）搬运板材时，应以双人手持板材的两边竖立搬运，避免横抬。

（5）板材应堆在平整的地面或专用木托架置于底部，散板不能靠墙立。

（6）板材应存放在室内库房，如果露天存放应盖上防水布以防雨水淋湿。

3.2　楼承板安装

本工程楼层板铺设好后，进行混凝土浇筑施工时，按设计要求，次梁跨度4.5m<L≤7m时设两个，梁跨度L>7m时设不少于3个支撑点。楼面浇筑混凝土时，需在楼面钢次梁及楼板下设有足够刚度的临时支撑。如果不采取相应措施，跨中板的挠度将超出设计规范要求。为解决本问题，在跨度较大的楼承板下方设计了交叉水平支撑，该支撑选用截面H600×600×20×35、H400×400×20×30，与柱采用铰接形式，待楼板施工完成并达到

图 3.189　现场复合墙板安装

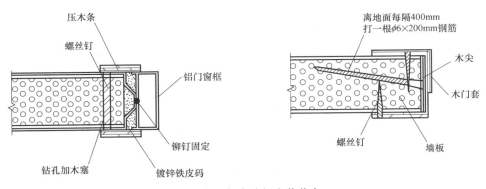

图 3.190　复合墙板安装节点

一定设计强度后拆除。

　　临时支撑设置要求：

　　（1）施工阶段为简支或两跨连续的钢筋桁架模板，跨度超过一定范围时，需在跨中设置临时支撑。

　　（2）遇边梁有悬挑板时，楼承板主筋方向悬挑长度 b 超过 7 倍板厚，垂直主筋方向悬挑板超过180，均应设置临时支撑。

（3）楼承板边无梁或其他可靠支点时，应设置临时支撑，且临时支撑宜支承在下层楼面上。

（4）所有临时支撑的设置，需保证其刚度及稳定可靠。

（5）模板的临时支撑如支承在下层楼面上，需下层楼面的混凝土强度到达设计值的75％后方能设置。

楼承压型钢板在施工阶段可当模板使用，在使用阶段替代全部板底受拉钢筋。施工过程中由于它满铺在钢梁上且用栓钉焊接牢固，所以可作为安装人员的脚手板。

图 3.191　楼承板现场安装

钢筋桁架平行于钢梁端部处，底模在钢梁上的搭接不小于 30mm，沿长度方向将镀锌钢板与钢梁点焊，焊接采用手工电焊，间距为 300mm。钢筋桁架垂直于钢梁端部处，模板端部的竖向钢筋在钢梁上的搭接长度（指钢梁的上翼缘与端部竖向支座钢筋的距离）应 $>5d$（d 为下部受力钢筋直径），且不能小于 50mm，并应保证镀锌底模能搭接到钢梁之上。搭接到钢梁上的竖向钢筋及底模应与钢梁点焊牢固。

3.3　装配施工组织与质量控制

本工程塔楼钢柱按 1～3 个结构层分段吊装；地下 2 层至首层采用 1 层 1 吊，地上 1 层至屋顶层采用 3 层一吊，钢支撑采用单根吊装。高层结构施工采取立面分段的方式，结构施工为幕墙施工创造工作面，幕墙施工为室内装饰施工提供良好的作业环境。

通过对钢结构的安装方案和钢构件分节重量的分析，结合本工程施工工期，地下室阶段选择两台 C6018 塔吊、两台 C7022 塔吊作为地下室钢结构构件的吊装设备。地上结构施工阶段采用三台 C6018 塔吊、两台 C7022 塔吊作为地上钢结构构件的吊装设备。

根据招标文件及招标图纸，结合现场踏勘结果。本工程在质量管理方面需重点做好桩头防水、钢结构加工制作、基础大体积混凝土、地下室超长外墙、钢结构安装、钢管混凝土柱、组合楼板、设备安装及运行、防雷接地、复合墙体等分项工程的质量管理，且需针对工程体量大、分包专业多、建筑功能性强、成品保护量大等质量管理难点进行专项策划，过程中确保质量标准合格（符合工程施工质量验收相关规范标准），以"过程精品"创"精品工程"（图 3.192）。

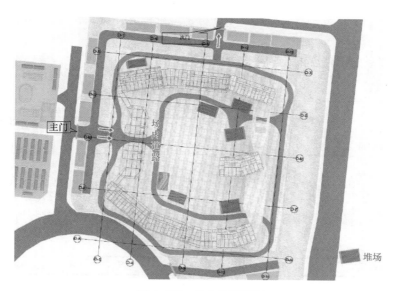

图 3.192　地上交通组织

4　效益分析

本项目作为装配式钢结构住宅体系，与传统钢筋混凝土结构的综合经济效益对比分析，我们还要从钢结构住宅建设工期缩短、有效使用面积增加、地下停车位增加、自重减轻导致的地基成本降低等收益角度进行直接对比。

（1）综合造价优势明显：地上建筑（约占总面积的 2/3）较混凝土增加了 12.8%，但地下基础和地下室（约占总面积的 1/3）的造价较混凝土却降低了 22.3%。因此，该项目综合造价与混凝土基本持平。随着用工紧张及人工成本上涨，其综合社会、经济效益将更加明显。

（2）工期缩短：装配式钢结构体系工期较传统混凝土施工大概可以缩短 320 天，节省总投资 10% 左右的财务成本 3015 万元，提前交付还大幅减少安置费用。

（3）资源节约：本项目建筑自重仅 $1.03t/m^2$，较原混凝土 $1.45t/m^2$，减轻了 28.96%。其混凝土用量减少了 49.78%；施工中木模板消耗减少 88.6%，节省森林资源，切实实现"环境友好和资源节约"的可持续发展目标。

（4）地下停车位增加：停车位增加 53 个，按市场价每个车位 20 万元计，将创收 1060 万元。

（5）地下室开挖深度减少约 800mm：由于钢梁腹板中开孔布置管线有效节省原混凝土梁下布线的空间，其土方开挖量减少 1.95 万 m^3，相应土方开挖及渣土运输费用大幅减少。

4.1　成本分析

4.1.1　施工工期缩短对成本的影响

本项目与混凝土方案工期进行了前期测算对比，由于钢构件实现了生产线连续化加工制作，减少了现场工作量，且可以实现不同分项工程的立体交叉作业，因而可以使施工周期缩短25.2%。

两种结构体系施工速度的比较见表3.26。

施工速度比较　　　　　　　　　　　　　　　　　表3.26

结构体系	钢结构	钢筋混凝土结构
有效施工周期（日）	950	1270
相对提前工期（%）	25.20	0

施工周期的缩短，将减少资金占用，降低银行利息成本。按照总投资3.44亿元、年利率10%计算，开发企业可减少银行利息支出3015.89万元（表3.27）。同时，由于施工周期的缩短，还可减少项目管理费用，提前交房可减少安置费用或提前收取租金等收益。

利息节约　　　　　　　　　　　　　　　　　　表3.27

结构体系	钢结构	钢筋混凝土结构
提前工期（日）	320	0
计算公式	34400×10%×320÷365	0
利息节约（万元）	3015.89	0

4.1.2　自重减轻对成本的影响

主体结构不同，基础的费用也不同，地下部分造价节省22.6%，两种体系中，钢筋混凝土结构基础造价较高，而钢结构由于混凝土用量大幅度减少，建筑自重显著减轻，从而节省基础造价。尤其在我国地表承载力不高的东南沿海地区以及地震高烈度设防地区，钢结构基础造价差异会更加悬殊。

4.1.3　使用面积增加的影响

由于钢材强度高，当荷载相同时，可跨越混凝土结构无法实现的跨度，同时梁柱截面小、占用面积小并且复合墙体较薄，因而套内使用面积增大。

若按套内建筑面积计价，并以每平方米直接造价2400元计算，则在相同的套内总建筑面积的情况下，开发商可以增加的收益见表3.28。

使用面积增加的收益　　　　　　　　　　　　　表3.28

结构体系	钢结构	钢筋混凝土结构
面积利用率（%）	80.80	75.67%
可增加的面积率（%）	5.13	0
可增加的面积（m²）	2839.05	0
增加收益金额（万元）	681.37	0

当然，这在小户型保障性住房中，套内有效使用面积增加尤为重要，使住户成为真正的直接受益者，充分贯彻党和国家关注民生工程和民心工程的精神。

4.2　用工分析

与相同条件下传统方式生产工期相比，本项目采用预制墙体，墙面平整，无须抹灰，减少人工，工期大大缩短。在主体结构与室内装修施工阶段所用总工期减少20%以上。

本项目采用装配式钢结构住宅体系，工厂化生产，现场作业量减少。相比传统的钢筋混凝土建筑单幢峰值建筑工人 100 人，而钢结构施工现场仅需 30 人左右，加上工厂生产工人约 10 人，人工用量减少约 60%。

综上所述，装配式钢结构住宅体系在保障性住房中应用，具有建设工期短、得房率增加、地下停车位增加、自重减轻导致的基础成本降低等优势。但由于保障性住房户型较小，难以发挥钢结构跨度大的优势。因此，建议在商品住宅中大量推广时，建造柱网相对规整、跨度相对较大的改善型大平层商品住房，既可以满足家庭结构变化所需的二次功能改造，又可以满足住户个性化需求，还能充分发挥装配式钢结构住宅的显著优势。

【专家点评】

矩形钢管混凝土兼具钢与混凝土的优势，承载能力和刚度大、构件截面尺寸相对较对称、工厂预制化水平高、抗震抗火性能好、现场装配方便、绿色环保等优点而成为预制装配化住宅结构发展的趋势。

杭州市转塘单元 G-R21-22 地块公共租赁住房采用了矩形钢管混凝柱—H 型钢梁框架—支撑体系，该体系是在矩形钢管混凝土柱—H 型钢梁框架的某些跨间设置支撑，便形成了矩形钢管混凝柱—H 型钢梁框架支撑体系。该体系是一个基本结构形式，与天大的钢管混凝土组合异形柱结构体系和杭萧的钢管混凝土束组结构等形成了几种主要的结构体系。支撑是主要抗侧力构件，分为中心支撑和偏心支撑。其主要优点在于减少了用钢量，梁、柱节点构造也相对简单；支撑增加了结构整体刚度，抗侧能力加强；框架和支撑形成了两道抗震防线，使得结构具有较好的抗震性能。矩形钢管混凝柱—H 型钢梁框架支撑体系中，框架的布置原则、柱网尺寸和构造要求基本上与框架体系相同，竖向支撑的布置在房屋的纵向、横向均应基本对称，以抵抗两个方面的侧向力；也可以在一个方向设支撑，另一方向采用纯框架。中心支撑具有较大的侧向刚度，构造相对简单，但在水平地震作用下容易产生侧向屈曲，导致结构整体失稳破坏。因此，在地震区应用时应当慎重。偏心支撑钢框架具有很好的抗震性能，同时有利于门窗洞的布置。

但是，矩形钢管混凝土柱截面最大达到□500×550，用于住宅会造成室内凸角，不方便用户使用（比如家具布置等），建议采用钢管混凝土异形柱结构体系或者采用钢板—混凝土组合剪力墙体系，可以避免此类问题。此外用钢量还有优化空间。此外，方钢管混凝土柱—钢梁节点采用隔板贯通节点，但在隔板与钢梁翼缘焊接处应采用倒角，以避免应力集中，或者采用钢板加强。

除主体结构外，围护结构的性能也是钢结构住宅综合性能的重要体现。该工程中外墙采用了 EPS 混凝土复合墙（外墙有支撑处采用砌块），内墙采用轻质复合内墙，是对高层钢结构住宅配套墙板体系的有益探索，可以有效解决钢结构住宅体系中墙板容易开裂的问题。楼板采用钢筋桁架混凝土楼承板，无需施工现场模板搭建，减少了施工现场湿作业量，提高了施工效率。

东南网架在该项目的构件施工过程中，采用的 ERP 企业资源管理系统将设计阶段信息模型与时间、成本信息关联整合，实现施工过程精细化管理，提高了构件加工的精确度和稳定性。

杭州市转塘单元 G-R21-22 地块公共租赁住房全面采用精装修，并采用了集成式厨房、集成式卫生间、太阳能建筑一体化、雨水回收回用、智能化远程物管系统等，具有明显的绿色建筑和智能建筑的特征，提高了居住的舒适性和便利性。

随着梁柱节点连接的进一步优化，矩形钢管混凝柱—H 型钢梁框架—支撑体系相关围护结构技术的深入研究和运用以及其他智能技术的推广应用，结合东南网架公司自身多年施工经验的总结，相信装配式钢结构住宅会越来越得到社会大众的认可。

（陈志华 天津大学教授、博士生导师、建工学院钢结构研究所所长，
兰州理工大学挂职党委常委、副校长）

案例编写人：
姓名：刘俊杰
单位名称：浙江东南网架股份有限公司
职务或职称：技术中心经理

【案例8】 济宁市嘉祥县嘉宁小区公共租赁住房

摘　要

嘉宁小区公共租赁住房工程的建筑结构类型为装配式钢管混凝土柱异形柱框架支撑体系，梁柱连接节点采用了新型的钢套管连接方式，主体结构具有安全、高效的特点。本工程的楼板采用底模可拆且可重复利用的钢筋桁架楼承板，楼梯采用预制混凝土楼梯，填充墙采用 AAC 条板及少量蒸压轻质砂加气混凝土砌块。通过上述新型建筑材料或部品的利用，提高了钢结构住宅的质量及品质，同时还采用了模块化、一体化装修技术，并在施工策划工作中利用了 BIM 信息化技术，有效地提升了现场施工技术管理水平。

1 典型工程案例介绍

1.1 基本信息

（1）项目名称：济宁市嘉祥县嘉宁小区公共租赁住房建设项目
（2）项目地点：山东省济宁市嘉祥县建设北路东侧，北一路南侧
（3）开发单位：嘉祥城市建设集团有限公司
（4）设计单位：北京东方华脉工程设计有限公司
（5）深化设计和预制构件生产单位：山东德丰重工有限公司
（6）总承包单位：山东诚祥建设集团股份有限公司
（7）进展情况：一期工程已交付使用

1.2 项目概况

本工程为山东省第一个采用装配式钢结构体系建造的钢结构住宅小区。一期由 1 号、

2 号、3 号、4 号、7 号五栋楼组成，均为高层住宅建筑，地上 17 层＋夹层，地下一层，建筑高度 51.64m；耐火等级二级；地基采用 CFG 桩复合地基，基础采用钢筋混凝土平板式筏板基础；建筑结构类型为装配式钢管混凝土柱异形柱框架支撑体系，主体结构使用年限为 50 年，抗震设防烈度为 6 度，柱为异形钢管柱，采用冷弯矩形钢管及部分钢板焊接，内灌高强混凝土，梁为热轧 H 型钢及少量焊接 H 型钢钢梁，支撑采用冷弯矩形钢管，楼板采用底模可拆且可重复利用的钢筋桁架楼承板，楼梯采用预制混凝土楼梯；填充墙采用 AAC 条板及少量蒸压轻质砂加气混凝土砌块，地下室外墙为钢筋混凝土剪力墙；外窗采用隔热断桥铝合金及 6＋12A＋6 高透低辐射玻璃；外墙保温采用 30 厚 B1 级挤塑聚苯保温板；外墙装饰采用铜墙铁壁防水外墙漆；内装修采用一体化装修，没有湿作业。根据装配式建筑评价标准计算规则，主体结构的评价分值为 45.4 分，围护墙和内隔墙部分的评价分值为 15 分，采用全装修，装配率为 73.9％，本工程评价为 A 级装配式建筑（图 3.193）。

图 3.193　规划鸟瞰图

1.3　工程承包模式

本工程承包模式为采购＋施工总承包模式。

2　装配式建筑技术应用情况

2.1　建筑设计技术应用

本项目采用建筑、结构、设备、装修一体化设计，采用统一模数协调尺寸，做到标准化和模块化，有利于部品部件产业化生产。

1 号、2 号、3 号、4 号、7 号楼均为装配式钢结构建筑，总建筑面积 34054.3m²，均为高层住宅建筑；地上 17 层＋架空层，为住宅，每个单元 6 户，分 a、b、c 三种户型，每个单元双楼梯双电梯，共一个单元，层高 2.9m，架空层层高 2.19m，为储藏室；地下一层，层高 2.19m，为储藏室；每栋单体住宅建筑中重复使用量最多的三个基本户型 a、b、c 的面积之和占总建筑面积的比例均不低于 70%。

本项目为 17 层公租房，采用钢框架—支撑结构体系，建筑类别为二类高层住宅，耐火等级为一级，抗震设防烈度 6 度，屋面防水等级为一级，设计使用年限 50 年。每栋一个单元，每单元设疏散楼梯 2 部、电梯 2 部（一部为客梯兼担架电梯、一部兼消防电梯），楼梯直通屋面疏散平台。单元入口均设置无障碍坡道，每单元 6 户，每户均设置了厨房、卫生间、卧室、起居室或兼起居的卧室等功能房间，满足居住要求。建筑空间布置紧凑合理、规则有序，符合建筑功能及结构抗震安全要求。

户型及方案设计时考虑钢结构的特点，采用异形钢管柱，避免户内露梁露柱的现象，增加户内使用空间，降低用钢量，减少加工成本和安装成本。按传统户型设计，采用钢结构框架支撑结构体系，用钢量约 $100\sim110kg/m^2$，通过建筑设计按钢结构的特点优化结构布置，本项目的用钢量约 $85kg/m^2$，用钢量节约 25% 左右。由于本项目是公租房，户型均为小于 $50m^2$ 的小户型，相对普通住宅，并不能充分发挥钢结构的优点。

2.2 主体结构技术应用

2.2.1 基础

本工程采用传统做法设计基础，由于上部结构为钢结构，相比传统现浇混凝土结构，建筑总重量减轻了约 1/3。

图 3.194　CFG 桩静载试验

（1）基坑采用土钉墙支护。

（2）复合地基处理采用 CFG 桩，长螺旋方式成孔，施工结束 28 天后进行 CFG 桩单桩静载试验及复合地基检验（图 3.194）。

（3）基础采用平板式筏板基础，施工缝处止水带采用 3mm 厚钢板止水带。

2.2.2 上部结构

主体结构采用钢管混凝土异形柱—H型钢梁—钢框架—支撑体系，技术可靠，并且户内不露柱，最大限度地利用空间、优化户型。采用钢管混凝土异形柱可有效避免室内露梁柱等住宅通病，梁柱节点设计在清华大学土木系进行的组织节点模型抗震性能试验基础上，采用外套管连接方式，构造简单，传力可靠。本工程采用 Z 形、T 形、L 形三种。钢管柱调直校正后，内灌免振捣混凝土；钢管柱按照每两层一个单位进行安装，在层高 1/3 处连接；制作时在钢柱上焊接支架，方便快速固定及调直；钢管内侧不焊接，构件整体计算不考虑其参与，作为加劲肋和强度储备；楼板钢筋在异型柱处采用焊接处理方式。典型异形柱详细分解如图 3.195、图 3.196 所示。

异型钢管柱加工技术要求：原材料对接、牛腿焊接、坡口焊缝质量等级严格按照设计图纸质量要求确定；图中未注明倒角为 20×20，未注明圆角为 R30；构件表面采用喷砂抛丸方式处理，达到 sa2.5 级（图 3.197～图 3.199）。

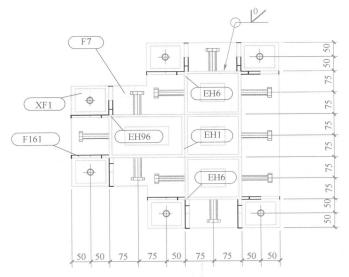

图 3.195　T形柱柱脚分解

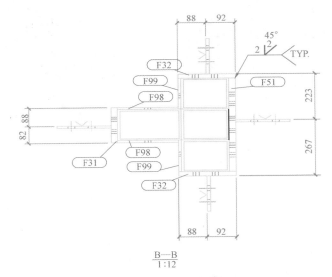

$$\frac{B-B}{1:12}$$

图 3.196　T形柱分解

图 3.197　异形钢管柱产业化生产

图 3.198　钢管柱安装快速固定

图 3.199　钢管柱内浇筑免振捣混凝土

　　梁采用热轧 H 型钢及少量焊接 H 型钢，支撑采用冷弯矩形钢管，倒"V"字形布置。每一节钢柱调直后临时固定，然后吊装梁，梁吊装完毕后，集中对需要焊接处进行焊接、防锈处理（图 3.200、图 3.201）。

图 3.200　钢结构柱、梁现场安装　　　　　　图 3.201　倒"V"支撑连接

　　楼盖采用可拆模式钢筋桁架楼承板，钢筋桁架和底模通过手卡连接，浇筑完混凝土，待混凝土初凝后拿下手卡，拆除底模；底模支撑采用钢桁架支撑，拆装方便；节约模板的

同时，可采用不同吊顶方式使室内顶棚装饰多样化。

楼梯采用预制混凝土楼梯，在工厂生产养护完毕后运至现场安装。

上部结构构件全部采用塔吊吊装，快捷方便。PC楼梯与钢结构部分采用可滑动的销轴节点构造方式（图3.202）。

图 3.202　预制楼梯吊装

2.3　围护结构技术应用

2.3.1　外墙板

地上外墙采用装配式外墙，为 250mm 厚 AAC 板墙体，通过 L100×63×6 和 M12 勾头螺栓与主体结构连接，整体墙面外设保温层＋砂浆抹灰层；门窗洞口处用-50×6 扁钢加强，用空心钉固定；所有连接件均用镀锌钢材，墙体之间的缝隙用专用砂浆粘接饱满。

外墙板连接节点如图 3.203 所示。

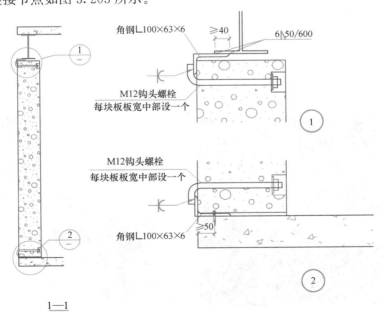

图 3.203　外墙板连接节点（一）

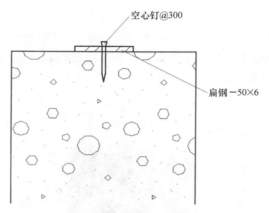

图 3.203　外墙板连接节点（二）

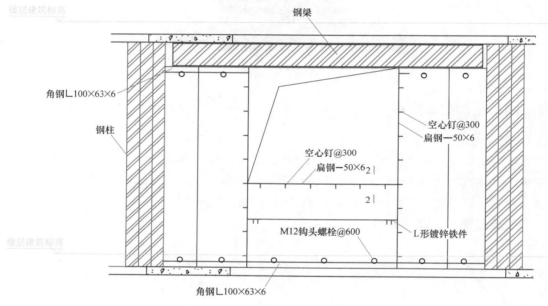

图 3.204　外墙立面索引

图 3.205　AAC 墙板产业化生产

图 3.206　外墙板固定件安装

图 3.207 墙板安装完成

图 3.208 窗口加固

　　梁柱防腐按照相关设计规范要求，采用环氧富锌底漆＋环氧云铁中间漆＋聚氨酯面漆的工艺，现场安装后外包裹 50mm 厚 AAC 防火板，通过 L 形角钢托和 M10 螺栓与梁柱连接；AAC 板与其他材料间的缝隙采用填塞 PE 棒并打发泡剂的做法。

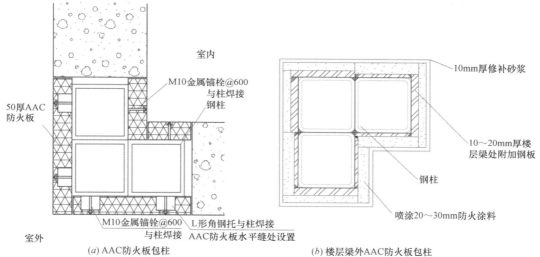

(a) AAC防火板包柱

(b) 楼层梁外AAC防火板包柱

注:附加钢板+防火涂料+修补砂浆
=50mm(同AAC防火板厚度)

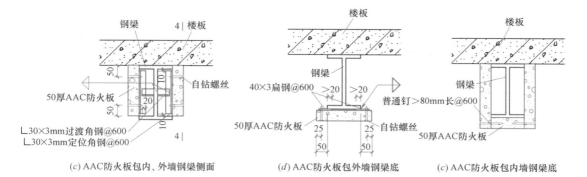

(c) AAC防火板包内、外墙钢梁侧面　　(d) AAC防火板包外墙钢梁底　　(c) AAC防火板包内墙钢梁底

图 3.209 防火板包梁柱节点详图（一）

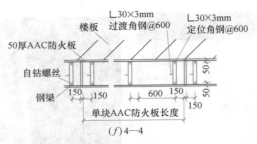

图 3.209　防火板包梁柱节点详图（二）

图 3.210　50 厚 AAC 墙板包梁

图 3.211　50 厚 AAC 板包柱

2.3.2　内墙板

（1）地下室内墙采用 150mm 厚蒸压轻质砂加气混凝土砌块；

（2）地上内墙采用装配式内墙板，采用 200mm、150mmAAC 板隔墙；通过直角铁件、空心钉和 M10 螺栓连接（图 3.212）。

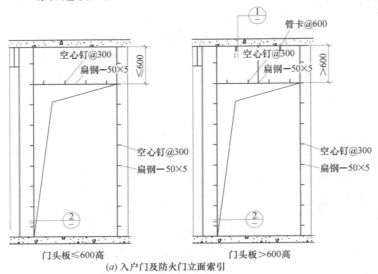

(a) 入户门及防火门立面索引

图 3.212　内墙板安装节点图（一）

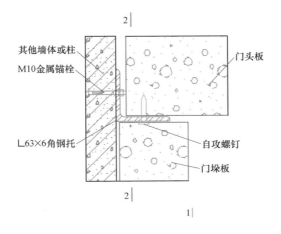

其他墙体或柱

M10金属锚栓

L63×6角钢托

门头板

自攻螺钉

门垛板

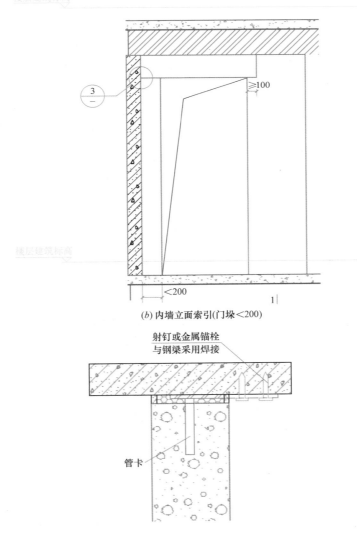

(*b*) 内墙立面索引(门垛＜200)

射钉或金属锚栓
与钢梁采用焊接

管卡

图 3.212　内墙板安装节点图（二）

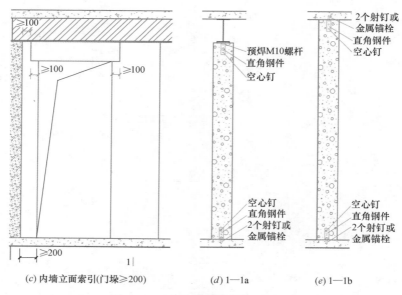

(c) 内墙立面索引(门垛≥200)　　(d) 1—1a　　(e) 1—1b

图 3.212　内墙板安装节点图（三）

墙板安装技术要求：外墙用钢材采用镀锌钢材；钢材与钢梁焊接后及钩头螺栓与角钢之间焊接后，将焊缝清理干净进行防腐处理；AAC 防火板所用钢材焊接后，将焊缝清理干净进行防腐处理；AAC 防火板之间、AAC 防火板与墙板之间、AAC 防火板与其他构件之间的缝隙全部用专用砂浆粘结饱满；AAC 板与顶板或钢梁的缝隙，全部采用弹性材料处理，通常采用填塞 PE 棒并打发泡剂的做法。

2.4　设备系统技术应用

2.4.1　采暖

本建筑采暖采用双管下供下回异程系统，户内采暖采用低温热水地板敷设供暖形式，供回水管敷设在地面垫层内。各房间设置温度自动调控装置。

2.4.2　通风防排烟

本工程利用外窗及通风道自然排烟。住户厨房及卫生间采用 ZDA 防火型系统排气道，每层预留洞口。

2.4.3　电气、给水排水

所有管路、电路从设计到施工都严格遵循少预埋的原则，方便后期检修更换，逐步向百年住宅设计理念靠拢。

2.5　装饰装修系统技术应用

2.5.1　内装修

本工程采用模块化、一体化装修，采用阻燃特性高分子复合材料进行生态全屋整装，将全屋吊顶、集成墙面、智能家居、软装饰品实现装饰产品与家装设计完美融合，解决装修难、装修烦的问题，拎包入住；同时可以实现业主个性化选择，智能模块、锁扣拼接（图 3.213～图 3.215）。

（1）墙体不用粉刷，不用刮白，裸墙直装，节省装修费 50%；

（2）代替传统水泥砂浆墙面板材、模块化安装的混凝土墙面，不仅保留了检修口，必要时还能随时拆卸、方便检查水电问题，打破了传统隐蔽工程难以检修的缺陷；

（3）从毛坯房到精装修，仅需 20～40 天，生产和安装周期无需等待防水、砌墙、刷漆的干燥时间，避免了传统施工耗力耗材的问题。

图 3.213　一体化装饰样板间

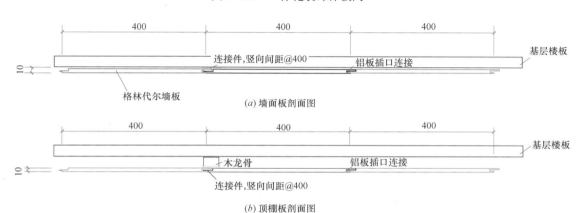

图 3.214　产品安装节点

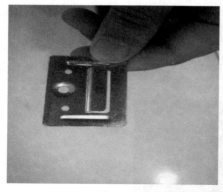
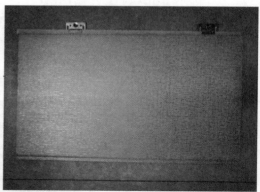

图 3.215　一体化装饰采用卡扣连接快速、环保、无湿作业

2.5.2　外装修

外墙保温采用 30 厚 B1 级挤塑聚苯保温板；外墙装饰采用铜墙铁壁防水外墙漆。

2.6　信息化技术应用

本项目通过数据中心中的人员库、机械设备库、材料信息库、技术知识库、安全隐患库、BIM 信息库等数据，借助模拟摄像机、编码器、RFID 识别、报警探测器、环境监测、门禁、二维码、智能安全帽、自动称重、车辆通行等终端设备对成本、进度、生产、质量、安全、经营等进行控制，达到了预期的效果。

（1）场地布置：基于 BIM 技术，通过对施工情况、周边环境和各种施工机械运营情况的三维仿真，进行合理性、安全型、可行性评估，实现施工现场平面布置的合理、规范。

（2）进度计划编制与模拟：基于 BIM 模型携带的各类工程信息，结合积累的知识数据，为进度计划编制提供数据支撑；利用 BIM 技术对进度计划进行模拟，以优化计划，使之更加合理。

（3）资源计划：利用 BIM 模型获取完整的实体工程量信息，计算出劳动力等资源需求量，并用 BIM 模型对资源使用量的合理性进行评估，从而制定出合理完善的资源计划，减少返工浪费，保证进度的正常进行。

（4）施工方案与工艺模拟：基于 BIM 技术的施工方案和工艺模拟，可以检查和比较不同的施工方案，验证、优化施工方法、措施、检查方法和注意事项等施工工艺；还可以提高向作业人员交底的效果。

3　构件生产、安装施工技术应用情况

3.1　构件生产、制作与运输管理

3.1.1　钢构件

（1）图纸分解采用 TAKELA 软件整体建模、拆图，保证了加工详图尺寸的精度要求。为保证工程材料质量，公司直接从生产厂家进货。下料、组立、焊接、抛丸除锈、喷涂、编码等每道工序都严格把关，均由专业人员专项负责。发货时由仓库人员核对工程名称、构件号及数量，确认无误后方能装车，每层钢构件之间均放木头垫起隔离，防止变形及损坏油漆。

（2）所用主材材质为 Q345B，应严格按设计文件要求，有正规的生产厂加工合格的矩形管，并有质量证明书。钢板同样，各元素化学成分均应符合国家标准，特别是 S、P 含量。

（3）使用 H 型钢制作一个组立台架。检查台架的平整度，符合组立矩形管钢柱的要求。

（4）钢构件加工制作工艺和质量应符合国家标准《钢结构工程施工规范》GB 50755 和《钢结构工程施工质量验收规范》GB 50205 的规定

（5）钢构件焊接宜采用自动焊接或半自动焊接，并按评定合格的工艺进行焊接。

（6）高强螺栓孔已采用数控钻床制孔，制孔质量应符合国家标准《钢结构工程施工质量验收规范》GB 50205 的规定。

3.1.2　内外墙板

蒸压砂加气混凝土（AAC）是以水泥、硅砂、石灰和石膏为原料，以铝粉（膏）为发气剂，经磨细、浇筑、切割、蒸压养护而成的多空硅酸盐材料。

1）原材料的加工处理

AAC 板材主要原料是砂子、水泥、石灰、石膏以及铝粉，在确定好生产之前，应将这些原料由汽车运输入厂，将进厂的块状生石灰、石膏分别破碎、粉墨后进行存储，存储过程中注意确保原料的干燥。

2）钢筋加工及网笼组装

钢筋加工是生产 AAC 板材的特有工序，包括钢筋的除锈、调直、切断、焊接、涂料制备、涂料浸渍和烘干。网笼组装是把经过防腐处理的钢筋网，按照工艺要求的尺寸和相对位置组合后装入模具，使其固定后进行浇注。

3）原料配合

在生产过程中，配料是一个关键环节，直接关系到原料之间各有效成分的比例，关系到料浆的黏度和流动性是否适合铝粉发气以及坯体的正常硬化，因此应引起足够的重视。配料是把制备好并储存待用的各种原料进行计量、温度和浓度的调节。按照工艺要求，依次向搅拌设备投料，将上述原料按照一定的配合比先用电子秤进行计量，确保计量的准确性，然后加水进行混合搅拌，原料的配量及搅拌采用 PLC 控制系统，确保配合比的精确性，提高制品的性能稳定。

4）浇注搅拌

浇注工序是把前道配料工序经计量及必要的调节后投入搅拌机的物料进行搅拌，制成达到工艺规定的时间、温度、稠度要求的料浆，然后通过浇注搅拌机浇注入模。料浆在模具中进行一系列物力化学反应，产生气泡，使料浆膨胀、稠化、硬化。这道工序是能否形成良好气孔结构的重要工序。

5）静停切割

坯体经过发泡静停达到切割要求后模具转移至切割区，由翻转机分离模具并将坯体翻转 90° 放到蒸养小车上，然后经过切割工序进行坯体的分割和外形加工，使之达到外观尺寸要求，切割工作可以机械化进行，也可人工操作，这道工序直接决定 AAC 板材的制品外观质量以及某些内在质量。

6）蒸压养护

将切割好的坯体经摆渡车送入蒸压釜进行蒸压养护，这个过程需要在 175℃ 以上进行，因此，使用密闭性能良好的蒸压釜，通入具有一定压力的饱和蒸汽进行加热，使坯体在高温高压条件下充分完成水热反应，使 AAC 板材具备一定的强度以及物理化学性能。

3.2 装配施工组织与质量控制

实现构件工厂化生产，深化设计时将楼层的每个单元在结构部分上拆分成柱、墙、梁、板、楼梯等标准构件，同一类别统一安排，预制构件的加工、运输、安装等各个环节都紧密结合，施工规范化、程序化。

施工标准化，人员专业化，工艺程序化，这些都大大提高了施工过程中的技术质量的有效性和安全防护的稳定性。

外墙饰面工程在加工车间内与墙体预制施工同时完成，形成综合形式的拼块，运输到施工现场后直接进行组装，组装完毕后，无需再进行墙面的内外装饰工作。在稳定性保证的前提下，楼层越多，拼装工法节省工期的优势就越明显。

施工现场拼装建筑物时，主要采用大型机械设备进行施工，提高施工效率，减少工人数量，大大提高了工人的工作效率和机械设备的使用率。

建筑构件采用统一的工厂化生产，现场利用设备进行吊装，除了结构节点处需要采用现浇混凝土之外，其他部位均采用钢结构连接的形式，减少了建筑垃圾的产生，常规施工中的水、气、声、渣、粉尘的排放，在环保方面有着明显的优势。

工程预制构件量大件多，构件运输、固定、堆放，是保证正常装配施工的重要环节。

4 效益分析

4.1 成本分析

本项目建安成本大体由以下几个部分组成：土石方工程、桩基工程、地下部分工程、钢结构主体＋楼承板、内外墙体、设备安装工程、装饰装修工程等；根据目前工程施工经验，相同户型、相同高度但分别采用装配式钢结构和传统方式建造的两栋住宅楼相比，土石方工程、地下部分工程、设备安装工程、装饰装修工程二者造价基本相同；桩基工程、钢结构主体＋楼承板部分装配式钢结构建筑较传统建筑要低一些，而内外墙体部分造价高出较多，故而装配式钢结构建筑较传统建筑总造价要高出约 400 元/m²；现阶段研发造价低、性能好的墙体材料是降低装配式钢结构建筑成本的首要任务。

4.2　用工分析

嘉宁小区装配式钢结构建筑与同条件下传统方式用工相比，本项目主体结构采用异型钢管柱、钢梁、钢支撑，楼板采用钢筋桁架楼承板，内外墙采用 ALC 墙板，装饰采用竹木纤维集成装饰板，无需抹灰、刮腻子等施工作业，大大减少现场施工工人数量，缩短工期；单体建筑中约 75% 的部品部件均是在工厂内生产，现场装配施工，主体结构和装饰装修阶段工人数量减少 70% 以上，工期缩短 50% 以上，整体工程用工节约 80% 以上。

4.3　用时分析

本工程结构类型为装配式钢管混凝土柱异形柱框架支撑体系，钢结构柱代替了传统的钢筋混凝土柱，既节省了绑扎钢筋、支模、浇筑、混凝土凝固的时间，又为施工现场提供了优良的作业环境。外围护采用 AAC 蒸压砂加气混凝土板，该板采用钙质材料（水泥、石灰）和硅质材料（石英砂）为原材料，采用铝粉为发气剂，内部铺设钢筋网片，经过浇筑、切割、高温蒸压形成的一种轻质隔墙条板。它与传统的砌块墙体相比，既节省了拌灰、砌筑的时间，又节省了劳动力。根据工程施工总进度计划和工程实施管理实际情况，项目制定计划管理实施细则，建立一系列与施工进度计划控制保障相关的管理制度，通过严谨的程序化作业和严格的制度保障，保障施工进度计划的实施；本项目采用装配式钢结构建造，大幅缩短了建造周期较传统混凝土结构，工期缩短了 54%。

4.4　"四节一环保"分析

各项新技术的运用，让正在建设的嘉宁小区从最初就具备了几大优势：对比同区域同类型的现浇混凝土项目，工程用水量可减少 60%，材料浪费可减少 20% 以上，建造垃圾可减少 80% 以上，建造综合能耗可减少 70% 以上，减少人工 40%。随着各种技术进一步完善，建筑材料生产规模扩大，工人操作熟练程度不断提高，钢结构装配式住宅省时节能的优势会进一步显现。

【专家点评】

钢结构住宅建筑在国内的应用相对而言应该还是一个全新的领域，虽然有很多企业、科研院所及专家做了一些工作，但还停留在产品的开发或试验阶段，成熟产品缺乏。但随着近年来国家不断推进绿色发展和钢铁去产能工作的开展，发展钢结构建筑，尤其是装配式钢结构住宅的呼声也不断增强。

当前市场上相继涌现出多种结构体系的钢结构产品，如在传统结构体系基础上开发的产品，包括本案例的异形柱框架—支撑体系，中建钢构的 GS-Building（框架＋抗侧力构件）、中南建设的框架—支撑体系、北京建谊的框架—钢板剪力墙体系等，有个别公司甚至开发了有别于传统结构体系之外的新产品体系，如杭萧钢构的钢管束剪力墙结构。在这个百家争鸣的态势之下，什么样的产品才是最优的、最符合市场的，还需要时间的验证，但从多数厂家的选择方面而言，传统的框架结构＋配套的抗侧力体系无疑是目前大家主流的选择。传统体系有着坚实的理论基础和大量的规范标准支撑，从而给钢结构住宅的发展提供了技术上的捷径，虽然它也有着一些有待解决的问题，但总体来说，可以在完全满足住宅建筑功能的前提下，提供抗震性能更好、更安全的居住空间。嘉宁小区公共租赁住房工程正是采用了这套结构体系。

除了安全、高效的结构体系之外，嘉宁小区公共租赁住房工程还应用了 AAC 轻质条板、底模可拆的钢筋桁架楼承板、冷弯矩形钢管、热轧 H 型钢、高强度混凝土等新型建筑材料或部品，提高钢结构住宅的质量及品质；梁柱连接节点采用了新型的钢套管连接方式，保证结构可靠的前提下提升钢结构加工工效，同时消除了传统连接节点内置加劲肋影响内灌混凝土密实度的弊病；模块化、一体化装修技术，将全屋吊顶、集成墙面、智能家居、软装饰品与家装设计完美融合，管路、电路布置遵循少预埋的原则，方便检修更换；同时，项目还将 BIM 信息化技术应用于场地布置、进度计划编制、资源管理及施工工艺模拟等施工策划工作中，有效地提升了现场施工技术管理水平。

针对大家对钢结构住宅关注的以下几方面重点问题：一是防腐防火技术应用，二是围护结构的抗裂措施是否有效；三是墙体的防水及抗渗漏问题的解决方案；四是隔声问题。本工程也做了一些探索和实践，如防火方面采用了 AAC 板包覆的做法，满足防火要求的同时还具有一定的装配式元素，也较传统的喷涂做法更易进行表面处理，检修维护更简单。AAC 墙板拼缝用专用砂浆粘接饱满，墙板与其他材料的间隙填塞 PE 棒并打发泡剂，阻断声音传播。

总体上讲，该工程应用了一些经济性及可靠性相对较好的新技术，发挥了钢结构建筑"轻、快、好、省"的优势，据相关单位提供的数据显示，在人工减少 40% 的情况下提升现场施工工效，较传统项目减少施工周期 54%，提高得房率，建造垃圾减少 80% 以上，建造综合能耗减少 70% 以上，为民众提供了安全、舒适的居住空间。相信随着装配式钢结构建筑技术的不断创新提升，具有更高安全性及更高品质的钢结构住宅将步入寻常百姓家。

（孙伟　中建钢构有限公司高级工程师）

案例编写人：

姓名：张军

单位名称：山东萌山钢构工程有限公司

职务或职称：董事长

第四章 钢框架—剪力墙体系

【案例9】 安阳市钢结构住宅 2.0 示范项目

摘 要

本项目位于河南省安阳市文峰区，属于政府主导的定向安置房工程，是安阳市第一个全装配式钢结构住宅项目。本项目采用 EPC 工程总承包的建设模式，总承包方为中国建筑标准设计研究院有限公司。该项目采用该院研发的钢结构住宅 2.0 技术体系，将建筑主体工业化与内装工业化统筹考虑，对建筑户型、结构主体、围护系统、楼板系统、内装系统等进行了协同设计，并运用 BIM 信息化技术，保证了钢结构住宅建筑功能的实现，提高了装配化指标，降低了施工难度，并有效降低了工程造价。通过采用 EPC 总承包这种建设模式，打通了设计与施工环节，对于减少设计变更、提高标准化程度、保证施工质量效果显著。

1 典型工程案例简介

1.1 基本信息

（1）项目名称：安阳市钢结构住宅 2.0 示范项目

（2）项目地点：河南省安阳市文峰区

（3）开发单位：安阳市经济技术开发有限公司

（4）EPC 单位：中国建筑标准设计研究院

（5）设计单位：中国建筑标准设计研究院

（6）施工单位：北京建工集团

（7）预制构件生产单位：河南远大可建

（8）进展情况：施工阶段

1.2 项目概况

安阳市钢结构住宅 2.0 示范项目位于文峰区，为一栋高层住宅，地上 25 层、地下 2 层。地上标准层层高为 2.9m，地下层高为 2.9m。总计建筑面积约 2 万 m²。总投资约 5 千万元（图 4.1、图 4.2）。

抗震设防烈度 8 度，设计基本地震加速度 0.20g，基本风压 0.45kN/m²，基本雪压 0.4kN/m²，地面粗糙度类别为 B 类。

图 4.1　小区鸟瞰图

图 4.2　单体外立面

1.3　工程承包模式

本工程采用设计施工总承包模式（EPC），总承包方为中国建筑标准设计研究院。

2　装配式建筑技术应用情况

2.1　建筑设计

2.1.1　户型设计

本项目要求在报规阶段将其中一栋楼改为装配式钢结构示范住宅。在进深、面宽、套型面积均已受限制的条件下，将原剪力墙体系设计的户型调整为适用于钢结构的框架体系户型。项目位于寒冷地区，原方案明厨明卫，优化后的户型体形系数减小，更为节能，同时尽可能做到多数厨卫有窗（图 4.3）。

2.1.2　技术方案

根据《装配式钢结构建筑技术标准》GB/T 51232 规定，本工程按照结构系统、外围护系统、设备与管线系统和内装系统四大体系协同设计并制定技术方案（表 4.1～表 4.4）。

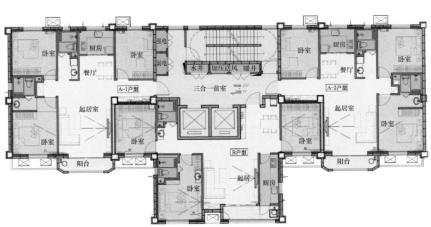

图 4.3　户型设计

建筑长寿化　　　　　　　　　　　　　　　　　　　　　　　　　　　　　表 4.1

要　　求	内　　　容
主体耐久性	结构系统使用年限 50 年设计
	围护结构的基层及连接件与结构系统同寿命
立面装修耐久性	高耐久性涂料
	门、窗、遮阳的耐久性
	窗下披水板
长期维护性	设备管线长期维护更新便捷
	综合检修系统

建造工业化 表 4.2

要　求		内　容
主体工业化		冷弯薄壁型钢柱
		热轧工字钢梁
		钢筋桁架楼承板技术
		预制楼梯、阳台板、空调板
外围护系统工业化		屋面保温防水一体化
		成品蒸压加气混凝土板
内装工业化	七大内装分离与集成技术	局部架空地板集成技术
		轻钢龙骨吊顶集成技术
		树脂螺栓双层墙面与内保温集成技术
		轻钢龙骨隔墙集成技术
		双层墙面与复合耐久性内保温集成技术
		干式地暖集成技术
		单立管同层排水技术
		管线分离与集成技术
	产业化、模块化部品系统	集成卫浴系统
		集成厨房系统
		整体收纳系统
		24 小时新风系统与空调系统
		烟气直排系统
		分集水器供水系统
		故障检修系统
		洗衣机托盘
		适老性部品系统
		户内净水软水系统
科学化管理		工业化样板间先行提供技术整体解决方案
		工法展示区
		内装设计同步深化

品质优良化 表 4.3

要　求		内　容
适用性能	室外环境性能优化技术	全气候室外步行系统设计与技术
		环境空间综合设计与集成技术
		智慧社区(小区广播系统;视频安防监控系统;周界安防系统;电子巡查系统;建筑设备监控系统)
	户内空间性能优化技术	大空间结构体系
		智慧家居(灯光、窗帘、背景音乐、空调温度等远程控制)
		分体空调的设置与安装

续表

要　　求		内　　容
户内安全性能		入侵报警;紧急求助报警;可燃气体报警系统;
适老化 通用性能	公共空间适老性技术	无障碍室外场所与通道系统
		无障碍单元入口与通道系统
		无障碍停车系统
		通用性健身场所系统
		通用性垂直交通系统
	套内空间 适老性技术	适老化通用型入口
		适老化通用型带收纳功能门厅
		通用型可开敞式厨房
		适老化通用型卫生间
		无高差室内地面
		充分方便的收纳
		开关插座适老化
		起居空间适老化
		应急呼叫设备系统

绿色低碳化 表 4.4

要　　求		内　　容
节能与可再生 能源利用	节能技术	体形系数与窗墙比控制技术
		节能外窗
		外窗遮阳百叶节能集成技术
		公共区域节能灯具的应用
		分项计量(用水、用电、用气、采暖)技术
		被动节能技术
	可再生能源	太阳能光伏发电利用集成技术
		太阳能热水集成技术
		户式空气源热泵热水
节水与水 能源利用	节水技术	设备管线集约化集成技术
		节水器具选用
	水资源利用	分质排水与中水利用技术
		雨水回收利用(收集、处理和供给)技术
		环保性透水地砖应用技术
		景观水循环利用技术
节能与室外环境利用		地下空间合理利用技术(光导纤维照明)
节材与材料资源利用		土建装修一体化整合家居解决技术
		废弃材料利用解决技术(用于景观道路铺装等)

2.2 结构系统

2.2.1 整体指标

1）层间位移角

地震作用下 X 向最大层间位移角 1/393；

地震作用下 Y 向最大层间位移角 1/447；

风作用下 X 向最大层间位移角 1/1595；

风作用下 Y 向最大层间位移角 1/530。

2）周期比

第 1 扭转周期（2.5994）/第 1 平动周期（3.0501）=0.85。

3）层刚度比

相邻层侧移刚度比等计算信息：

X 方向最小刚度比：1.0000（25 层 1 塔）；

Y 方向最小刚度比：1.0000（25 层 1 塔）。

4）刚重比

X 向刚重比 $EJ_d/GH^2=2.646$；

Y 向刚重比 $EJ_d/GH^2=3.591$。

该结构刚重比 EJ_d/GH^2 大于 0.7，能够通过《高层民用建筑钢结构技术规程》JGJ 99—2015 第 6.1.7 条的整体稳定验算。

5）位移比

Y 向（考虑偶然偏心）最大位移比为 1.27。

2.2.2 结构形式

结构选型采用钢框架—钢板剪力墙结构。钢板剪力墙采用非加劲肋纯钢板剪力墙，壁厚 8mm。钢板剪力墙与框架连接形式为两边连接。为减少构件对建筑功能的影响，钢板剪力墙优先布置在分户墙位置，其次布置在外墙（图 4.4）。

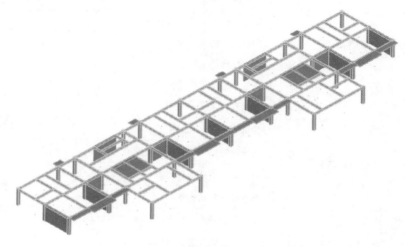

图 4.4 标准层钢板剪力墙布置图

钢板剪力墙结构进行整体分析时，非加劲两边连接钢板剪力墙可通过刚度等代简化为交叉杆模型，模型中杆件为拉压杆，拉压杆的截面可由刚度等公式计算。详细算法可参考《钢板剪力墙技术规程》JGJ/T 380—2015 附录 A。

钢板剪力墙与上下层钢梁两边连接，施工时，先施工框架部分，待框架承受竖向荷载后，再安装钢板剪力墙，以避免钢板剪力墙承受竖向荷载（图 4.5）。

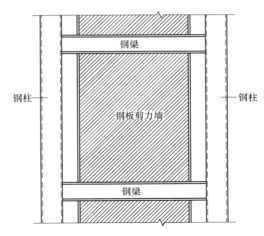

图 4.5　钢板剪力墙立面图

2.2.3　结构构件及节点

1）结构柱网

本工程经过户型优化后，柱网较规整，各构件传力途径明确。X 向轴网最大柱距为 9.5m，Y 向轴网最大柱距为 5.7m。柱网布置图如图 4.6 所示。

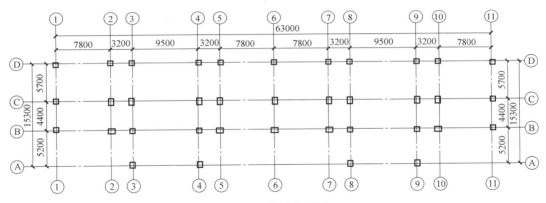

图 4.6　柱网布置图

2）钢构件

钢柱采用矩形截面，由下到上保持钢柱截面大小不变，仅改变钢柱壁厚。当壁厚≥14mm 时，采用焊接箱型截面；当壁厚＜14mm 时，采用冷弯矩形钢管。钢柱内灌注混凝土，以提高钢柱强度，提高承载力，减小钢柱截面（图 4.7）。

梁采用焊接 H 型钢，为提高构件的标准化程度，减少墙板规格，主梁高度统一采用 350mm，钢梁规格有：H350×200×14×22、H350×150×12×20、H 350×150×8×10 等。

3）节点做法

梁柱连接节点主要有两种：当钢柱为焊接箱型截面时，采用内隔板式梁柱节点（图 4.8）；当钢柱为冷弯矩形截面时，采用横隔板贯通式梁柱节点（图 4.9）。隔板中心开直径 200mm 的灌浆孔，四角开直径 20mm 的排气孔。因建筑功能需要，住宅室内不宜有外露构件，故不设置隔撑，通过在梁端设置加劲肋，防止受压翼缘失稳。

梁柱节点采用高强螺栓与焊接相结合的方式，摩擦型连接的高强度螺栓强度级别为

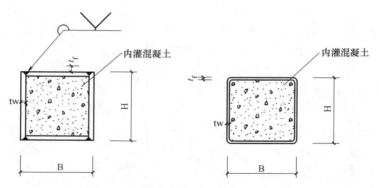

图 4.7 焊接箱型截面及冷弯矩形截面

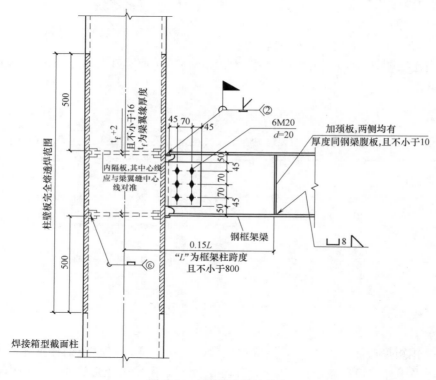

图 4.8 内隔板式梁柱节点

10.9S，在高强螺栓连接范围内，构件摩擦面采用喷丸处理，抗滑移系数≥0.40。此连接方式减少了高空焊接作业，施工方便、快捷，质量更容易保证。

钢板剪力墙与梁采用焊接，钢板需与梁腹板对齐，典型节点如图 4.10 所示。

4）钢结构的防腐防火做法

本工程钢结构的防腐按使用年限>15 年的规定，使用下述做法：防腐涂料部位总膜厚≥280μm，底漆采用环氧富锌底漆 2 遍 70μm，中间漆采用厚浆型环氧云铁中间漆 2 遍 110μm，面漆采用丙烯酸聚氨酯面漆一道 3 遍 100μm。本工程的耐火等级为一级，钢管混凝土柱、钢梁采用防火板包裹。柱的耐火极限不小于 3 小时，梁的耐火极限不小于 2.5 小时。防火涂料的厚度可根据《建筑设计防火规范》GB 50016 及《民用建筑钢结构防火构

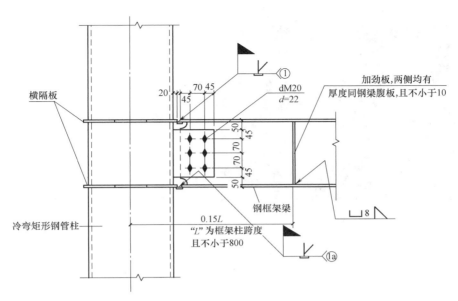

图 4.9 横隔板贯通式梁柱节点

造》06SG501 的要求，再进行二次专业设计。

2.2.4 楼板

楼板采用钢筋桁架楼承板，对于客厅等设置吊顶的区域，钢筋桁架楼承板底模可不拆除，对于卧室灯不设置吊顶的区域，底模需拆除（实践中可采用可拆底模的钢筋桁架楼承板）。钢筋桁架楼承板工厂制作，产业化水平高，施工速度快，且不需要支模板（图 4.11）。

2.2.5 楼梯

本工程楼梯采用预制混凝土楼梯，全部在工厂预制完成，在现场进行吊装安装。楼梯采用清水混凝土工艺，楼梯面即为建筑完成面，不需要再另行进行抹灰等工序。楼梯梯板厚度为 200mm（图 4.12）。

根据计算要求，预制楼梯与钢梁采用滑动连接。具体如图 4.13 所示。

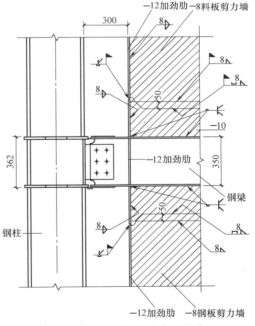

图 4.10 钢板剪力墙典型节点

2.3 外围护系统

外墙围护采用蒸压轻质砂加气混凝土墙板，该墙板轻质高强、保温隔热、防水抗渗、安全耐久、隔声防火性能良好、绿色环保、经济适用、安装方便。表面平整程度高，无须抹灰可直接粉刷墙体涂料，该材料具有一定的承载能力，其立方体抗压强度大于 3.5Mpa，抗震性能良好，具有较大变形能力，允许层间位移角达 1/150，是一种性能优

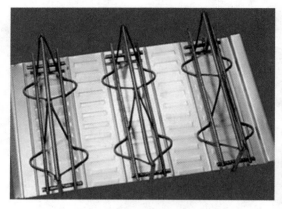

图 4.11　钢筋桁架楼承板

越的新型建材。

外墙采用双层 ALC 板，外层墙板为 150mm 厚，内层墙板为 75mm 厚，两层墙板中间留 75mm 厚的空腔，空腔内可根据建筑节能计算需要填充岩棉等保温材料，外墙处钢板剪力墙也可置于该空腔内，外墙总厚度 300mm。外层墙板通过钩头螺栓与钢梁及楼板连接。墙板安装完毕后可将钢梁包裹隐蔽起来，既能起到钢梁防火的作用，又能将钢梁隐藏起来，室内无凸梁。

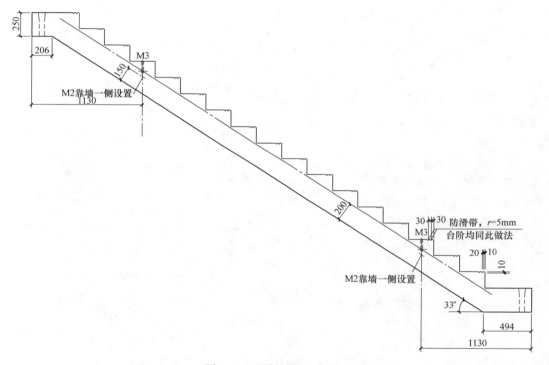

图 4.12　预制混凝土楼梯

内隔墙中，分户墙隔声等要求较高，故采用 75mm＋75mm 双层 ALC 墙板做法，中间预留 150mm 空腔，可填充岩棉等材料，钢板剪力墙也可置于该空腔内，总厚度 300mm。其他分隔墙采用轻钢龙骨隔墙。

2.4　设备和管线系统

套内设备与管线尽量在架空层或吊顶内设置；各类设备与管线进行综合设计、尽量减少平面交叉，充分合理地利用空间。设计过程中与结构专业密切配合，准确定位。预留、预埋及安装满足结构专业的相关要求，有效避免在预制构件安装后凿剔沟槽、开孔、开洞

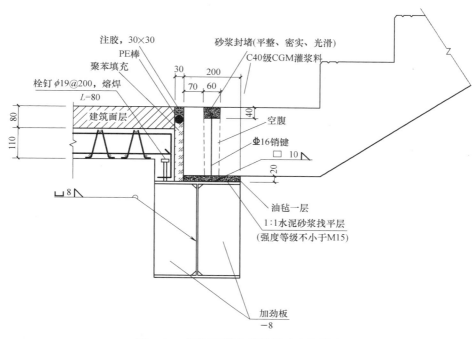

图 4.13 预制混凝土楼梯滑动连接做法

等。公共管线、阀门、检修配件、计量仪表（水表、暖表等）、电表箱、配电箱、智能化配线箱等设置在公共区域。

2.4.1 给水排水设计

给水排水设计采用了整体卫浴、给水分水器、分户式太阳能热水系统以及加强型特殊单立管排水系统等。

整体卫浴安装简便，干湿工法，能缩短工期。由于采用整体成型模压底盘，具备防水防漏的功能。整体卫浴的卫浴设施均为无死角结构，便于清洁。总体来说有省事省时、结构合理、材质优良等优点。

给水分水器的管路系统是由给水管材、分水器及卫浴系列产品所组成的给水管路系统。利用分水器，通过一条条完整的管道将各房间所需的配水点一对一地连接起来，管路中间没有任何接头，构成一个简洁、流畅、安全及出水稳定的户内供水网系统。分水器管路系统应用于家庭给水领域具有以下优势：①管路中无接头，系统更安全。分水器与用水终端之间以一条完整的管线一对一连接，采用 PE 管道，可以做到很长而易弯曲不反弹，在施工时需要拐弯处可直接弯曲而无需接头，有效地避免了管道拐弯接头处滴水、漏水等问题。分水器安装在吊顶内，保养、维修起来十分方便。②给水分水器可科学调配，使出水更稳定。由于实现了分水器和用水点之间通过管道一一对应连接，在使用和维护上真正实现了各用水点之间的零干扰。各自独立的给水管路布置，在同时使用各用水设备时，保证冷热供水量的稳定，避免了用水器具之间的相互影响和一处坏、户内全停的麻烦。③管道施工更快捷，零返工。整根管道安装过程中拐弯处没有接头，杜绝了施工过程中人为因素造成的渗漏隐患，而且安装更方便、更快捷，一次试压成功，即验即收，实现管道安装零返工（图 4.14）。

　　本工程还采用分户式太阳能热水系统，太阳能热水系统的集热器、储水罐等布置与主体结构、外围护系统、内装系统相协调，做好预留预埋。另外，本工程采用加强型内螺旋管单立管排水系统，在没有设专用通气立管的情况下增大排水能力，达到所要求的排水量。省去了专用通气立管，所以节省管材的成本，同时也节省了一根通气立管的空间位置（图4.15）。

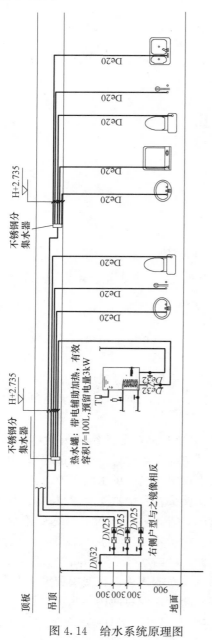

图4.14　给水系统原理图

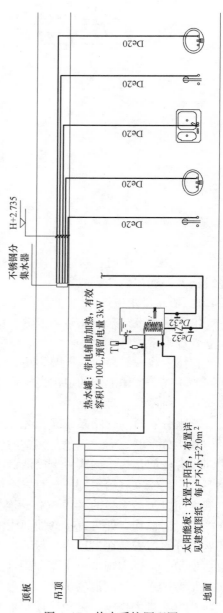

图4.15　热水系统原理图

2.4.2　建筑供暖、通风

　　（1）现场完全干法施工，室内供暖系统采用干式低温地板辐射供暖（图4.16）。具有可在龙骨间快速方便安装，此外工业化的生产可使薄型低温辐射板的生产实现专业化和规模化，以一定模数生产可满足使用的多样化要求，在减少单位部品生产消耗的同时，实现生产和现场安装的快速和高效率，从而加快施工进度。

（2）卫生间采用整体式卫浴，无法采用地板辐射供暖，故卫生间采用散热器供暖。配合整体卫浴厂家进行散热器选型，提前预留采暖管、排风管孔洞、散热器吊装件，保证与现场的精准对接。

（3）本工程采用负压新风。室内机械排风，自然进风。厨房和卫生间设机械排风，新风通过外墙上的通风口（图4.17）、门缝或门下百叶这一系列路径进入室内。风管穿越钢梁处需要与结构专业提前配合，避免出现后期开洞的现象。

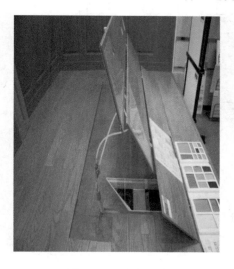

图 4.16　干式地暖　　　　　　　　　　　图 4.17　负压式新风系统

（4）厨房排风经油烟净化设备处理后，通过安装在吊顶内的管道直接水平排至本层室外，竖向各层间无影响，更不会有串味、倒烟的情况发生。

（5）卫生间排风通过安装在吊顶内的管道直接水平排至室外，竖向各层间无影响。

（6）共用立管

目前我国住宅的排水立管、卫生间排风竖井及厨房排风竖井均在住户内竖向布置，住户的私有空间与公共空间相互交叉，填充体与支撑体划分不明确。另外，目前出于设备安全性及各个系统主管部门的要求，我国公共区域的管道（给水立管、强电竖管、弱电竖管、燃气竖管等）采用各专业系统分开设置独自竖井的方式，增加公共空间及公摊面积。

本工程所有管道（给水排水立管，强电竖管，弱电竖管等）均位于公共区域内的同一个竖井（或表间）内，在竖井的外墙上水表、电表、煤气表等整齐排列。此种做法使共用管道与和住户密切联系的填充体分离。首先，共用管道不占用住户内的空间，住户内的房间隔墙、地板、吊顶等填充体的灵活变更也不会对共用管道产生影响；其次，位于公共区域的共用管道，在保证了维护和更换的便利性的同时，也不会对住户的填充体造成影响。详见图4.18、图4.19。

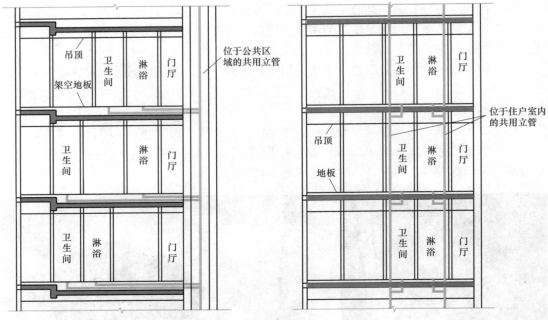

图 4.18 共用管道设于公共空间 　　图 4.19 共用管道设于户内

2.5　内装系统

本案采用 SI 体系，钢结构和内装及管线部分相分离，内部以轻质隔墙划分空间使户内空间具有灵活性和满足今后生活方式变化的适应性，使用整体卫生间模块和整体厨房模块等部品来实现装配式内装的全干法施工。

1）管线分离系统

图 4.20　客厅装修图

结合使用功能设计本案的水电管线全部在墙面和顶面架空层内实现路由，在关键节点处设置检修口给后期的维护维修提供便捷性，还因为不破坏主体结构有效提高了建筑的寿命。墙面架空系统保证了墙面平整度的同时也作为管线内部穿连的载体，在本案例中的户内端墙使用，实现了墙面管线与建筑体完全分离（图 4.20）。

2）轻质隔墙系统

提供室内空间的可变性，为业主入住后二次改造提供最便捷的可能性，此外轻质隔墙还作为管线内部穿连的载体，墙面使用环保乳胶漆，室内宽敞明亮。

3）顶棚吊顶系统

在本案中，绝大部分管线穿连是在顶棚吊顶系统内部来完成，除卧室以外均为全吊顶覆盖，既隐藏了管线，也把结构边角整合统一化设计，一举两得，卧室内原始吊顶以铝方通为载体来做管线穿连并以美观造型呈现（图 4.21）。

4）定制收纳系统

固定收纳具有功能整合能力强和造型美观平整的特点，在本案中也有局部位置使用（图 4.22）。

图 4.21　卧室吊顶　　　　　　　　　图 4.22　餐厅内的整体收纳

5）整体卫生间系统

工厂加工，整体底盘模压成型，精细化度高，有效减少渗水、漏水情况的发生，安装周期短，可交叉作业，维护简单，维修便利（图 4.23）。

6）整体厨房系统

工厂加工，采用防油污板，精细化度高，有效减少油污附着情况的发生，安装周期短，可交叉作业，维护简单，维修便利（图 4.24）。

图 4.23　整体卫浴　　　　　　　　　图 4.24　整体厨房

3 信息化技术应用

3.1 本项目各阶段 BIM 应用目标

本项目作为安阳市钢结构示范性工程，采用 EPC 总承包管理模式，全面提高企业的工程质量、安全、工期、造价等管理水平。项目将借助 BIM 技术强大的信息共享能力、协同工作能力、专业任务处理能力等作用，使 EPC 管理模式中原本点对点的分散管理的状态得到有效整合，实现设计、施工一体化目标，从而大大提高管理效率，促进业主、设计与施工等各方的对接交流。

3.2 本项目设计阶段 BIM 应用

3.2.1 钢梁预留孔洞优化

1）目的和意义

本项目作为钢结构装配式住宅，为了满足装配式建筑评分标准中"管线和结构分离"的要求，所有机电管线需在吊顶内铺设，多专业交叉施工难度大，钢梁预留孔洞需要更严格地设计，并进行施工合理性校核。

利用 BIM 的协调性服务功能，本项目在建造前期对机电管线与钢梁预留孔洞的碰撞问题进行协调，生成协调数据，解决设计与施工理念不统一造成的功能不合理与结构设计浪费。运用 BIM 技术确保预留孔洞不漏设、不错设，位置、数量、尺寸大小符合设计及后期施工使用要求，大大提升设计方案的准确率。

2）数据准备

各专业模型、本项目机电深化设计实施标准。

3）成果

（1）调整后的各专业模型；

（2）优化报告。报告汇总详细记录了调整前结构钢梁模型与机电模型之间的冲突和碰撞，记录冲突检测及预留孔洞优化的基本原则，并提供冲突和碰撞的解决方案，对空间冲突、预留孔洞优化前后进行对比说明；

（3）配合设计单位通过 BIM 模型导出钢梁预留洞优化图，针对修改较大区域，应当提供管线排布平面图和结构钢梁节点详图，详细说明各专业模型间的位置关系。

3.2.2 钢结构节点优化

1）目的和意义

利用 BIM 技术对钢结构主体进行三维实体建模以及详图深化设计，利用 BIM 软件进行构件拼装，模拟钢结构实际建筑的建造过程。钢结构 BIM 模型包含了整个工程的节点、构件、材料、螺栓焊缝等信息。通过钢结构深化模型可以直接导出用钢量、节点用螺栓数等材料清单，使工程造价一目了然。其次，利用三维投影可以自动生成包括布置图、构件图、节点图等所有施工详图，用于指导工厂制造加工。

2）数据准备

结构施工图纸、钢结构二次深化设计任务书。

3）成果

（1）优化后的钢结构节点模型；

（2）加工详图：包括布置图、构件图、零件图等；

（3）材料统计清单：按照构件类别、材质、构件长度进行用钢量统计，同时还可输出构件数量、单重、总重及表面积等统计信息。

3.2.3　外围护系统深化设计

1）目的和意义

本项目外墙采用双层蒸压加气混凝土板（ALC 板），存在协同难度大、质量要求高、设计复杂等特点，采用 BIM 技术通过可视化、协同化、参数化三方面优化外围护系统，达到指导构件拆分的目的。

BIM 技术将传统的二维构件设计用三维可视化设计替代，保证外围护构件之间的位置准确，内外墙错缝、洞口连贯，并制定标准化构件族插入模型中直接应用，保证构件平、立、剖视图间的一一对应关系，最终可按照实际需求进行构件的工程量统计。

在完成初步拆分的基础上，本项目采用 BIM 技术对拆分细节及构件连接节点进行优化，极大提升本项目的建筑品质。

2）数据准备

建筑及结构模型、外围护系统构件拆分原则、ALC 板节点优化原则。

3）成果

（1）调整后的外围护系统模型，标准化连接节点模型；

（2）各构件的工程量统计数据；

（3）外围护系统构件拆分图，连接节点详图等（图 4.25）。

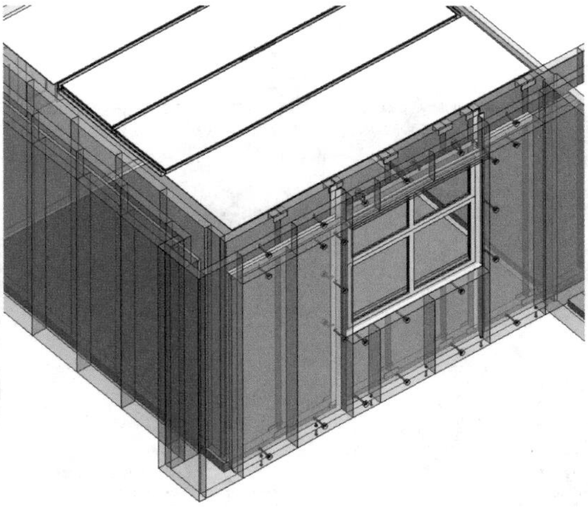

图 4.25　项目 ALC 外墙板节点示意图

3.2.4　针对整体厨卫的设备管线优化

1）目的和意义

本项目将采用标准化的整体卫浴及整体厨房。整体厨卫产品具有功能性、观赏性、便捷性、专业性和经济性等特点，但国内尚无成熟的设计、施工工艺标准和针对性的验收规范，在住宅建筑中存在一些需要克服的问题。

为了保证本项目整体厨卫的设计质量，从设计阶段开始 EPC 管理团队就强调设计人员和整体厨卫厂家的配合，通过 BIM 技术提前优化户型布局、提前考虑给水、排水、通风及电气线路排布，深化了整体厨卫和外环境的衔接，校核了整体厨卫产品的定位，实现了本项目整体厨卫的标准化设计和批量生产。

2）数据准备

各专业模型、整体厨卫厂商提供的产品数据信息。

3）成果

（1）调整后的整体厨卫模型；

（2）整体厨卫平面图、立面图、剖面图、管线排布及特殊部位节点详图（图4.26）。

3.2.5 SI 干式内装技术优化

1）目的和意义

本项目将采用新型装配式内装技术，针对本项目集成地面系统、集成墙面系统、集成吊顶系统、集成设备和管线系统等，采用 BIM 技术优化内装方案，对建筑最终的室内设计空间进行检测分析。

2）数据准备

冲突检测和三维管线综合调整后各专业模型，精装修方案。

3）成果

（1）调整后的各专业模型、精装修模型；

（2）深化后的精装修图纸：包含户型墙体定位图、户型地面尺寸定位图、户型顶棚尺寸定位图及精装剖面图等。

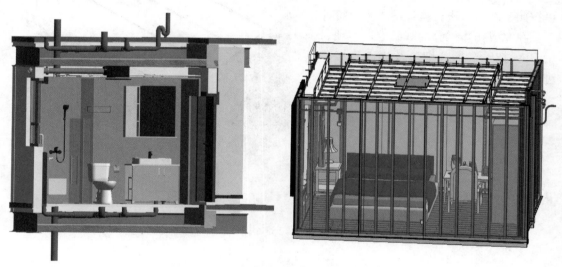

图 4.26　整体卫浴模型剖面　　　　图 4.27　隔墙与其中的电气线管的节点示意图

3.3　本项目招采阶段 BIM 应用

3.3.1　工程量统计

1）目的和意义

招标采购阶段，本项目在施工图设计模型基础上，依据工程量计算原则，深化施工图模型，形成施工图预算模型。利用 BIM 模型直接获取施工图预算和招标工程量清单，提高施工图预算工程量计算和工程量清单编制的效率和准确性。

2）数据准备

施工图设计模型，施工图设计文件，工程量计算相关的构件属性参数信息文件，工程量计算范围、计量要求及依据等文件。

3）成果

（1）施工图预算模型；

（2）预算工程量报表。

3.3.2　设备材料选型与管理

1）目的和意义

在项目前期，根据厂商提供的实际数据信息，在模型各类构件中添加设备材料的尺寸、型号、材质、价钱等参数信息，为项目的决算、预算提供了有利的依据，提前实现设备、材料的有效控制。

2）数据准备

设计优化后的各专业模型，设备材料参数化信息，设备材料项目特征及相关描述信息。

3）成果

设备与材料信息表。

【专家点评】

一、装配式建筑技术特点

本项目作为安阳市装配式钢结构住宅示范项目，为一栋高层住宅，地上 25 层，地下 2 层，总建筑面积约 2 万 m²，本项目采用的装配式建筑技术具体如下：

（1）主体结构系统采用钢框架—钢板剪力墙结构体系，框架柱采用矩形钢管混凝土柱，框架梁和次梁采用焊接 H 型钢，钢板剪力墙采用非加劲肋纯钢板剪力墙，楼盖采用钢筋桁架楼承板现浇混凝土楼板。

（2）外围护系统采用蒸压砂加气混凝土墙板，外墙总厚度为 300mm，双层 ALC 板中间留 75mm 厚的空腔，空腔内根据建筑节能需要填充岩棉等保温材料；分户隔墙由于隔声要求高采用双层 ALC 板，厚度为 300mm；其他分隔墙采用轻钢龙骨隔墙板，其自重较轻，施工安装速度快，同时墙板表观质量好，免除抹灰层，不仅提高了施工效率，而且增加了套内有效使用面积。

（3）内装系统采用了 SI 体系，钢结构和内装及管线部分相分离，户内以轻质隔墙划分空间具有分隔的灵活性，并且具有空间变化的适应性，同时采用整体卫生间模块和整体厨房模块等部品来实现装配式内装的全干法施工。

（4）本项目采用 EPC 总承包管理模式，将借助 BIM 技术强大的信息共享能力和协同工作能力，使项目管理中原本点对点的分散管理得到有效地整合，实现设计、施工一体化目标，从而大大提高管理效率。

二、建议

本项目作为 8 度区建筑高度不大于 80m 的钢结构住宅，对于装配式钢结构建筑技术在高层住宅中的推广应用具有一定的示范作用。但由于目前还处于设计阶段，还没有相应的成本、质量以及工期等方面的量化效益分析指标。随着工程进度的推进，本项目 EPC 工程总承包的优势会逐渐体现出来，建议及时统计相应的数据，总结出装配式建筑技术的具体管控要点，从而进一步引领装配式钢结构建筑技术在高层住宅中的推广应用。

（张守峰　中国建筑设计研究院有限公司装配式建筑工程研究院副院长、总工程师）

案例编写人：

姓名：王力
单位名称：中国建筑标准设计研究院有限公司
职务或职称：郁银泉工作室（钢结构所）结构室副主任

【案例 10】 北京丰台区成寿寺 B5 地块定向安置房项目

摘　要

北京丰台区成寿寺 B5 地块定向安置房项目主体结构采用钢框架钢板剪力墙结构体系，楼盖采用钢筋桁架楼承板，外墙采用预制混凝土外墙挂板、蒸压加气混凝土条板。本项目充分体现了"工厂制造、现场装配"的工业化建造特点。围护体系全部装配化，效率高，符合装配式建筑要求。本项目的实施为建谊集团在产业化集成设计、工业化生产、装配式施工和信息化项目管理方面积累了宝贵的实践经验。作为装配式钢结构住宅的典型案例，其结构系统、围护系统、设备与管线系统和内装系统应用了多项先进施工技术，为后续装配式钢结构建筑产品的完善提供基础。

1　典型工程案例简介

1.1　基本信息

（1）项目名称：北京丰台区成寿寺 B5 地块定向安置房项目
（2）项目地点：北京市丰台区成寿寺
（3）开发单位：北京建都置地房地产开发有限公司
（4）设计单位：北京高能筑博建筑设计有限公司
（5）施工单位：北京建谊建筑工程有限公司
（6）预制构件生产单位：北京榆构有限公司
（7）进展情况：已完工

1.2　项目概况

图 4.28　项目效果图

北京丰台区成寿寺 B5 地块定向安置房项目是全国装配式建筑科技示范项目、北京市首个装配式钢结构住宅项目的示范工程。本项目总用地面积 6691.2m²，共建 4 栋 9～16 层装配式钢结构住宅，总建筑面积 31685.49m²，其中地上建筑面积 20055.49m²（包含住宅建筑面积 18655.49m²，配套公建面积 1400.00m²），地下建筑面积为 11630.00m²，绿地率 30%，容积率 3.0（图 4.28）。

1.3　工程承包模式

在本项目中尝试采用了 EPC 总承包模式。

2　装配式建筑技术应用情况

2.1　主体结构技术应用

2.1.1　建筑设计技术

本文以 3 号楼为例，进行该项目的装配式建筑技术介绍。最高建筑为 3 号楼：该楼平面尺寸为 33m×13.2m；其中建筑总高度为 49.05m，地上 16 层，地下共 3 层，首层层高 4.5m，其余层高 2.9m。根据建筑功能和业主要求，采用钢框架钢板剪力墙结构体系，楼盖采用钢筋桁架楼承板，外墙采用预制混凝土外墙挂板、蒸压加气混凝土条板。单体建筑面积 6875m²。

图 4.29　平面布置图

2.1.2　柱网标准化设计

本项目本着钢结构装配化理念进行户型设计，住宅的柱网统一为 6.6m×6.6m，这样设计大大缩短了钢结构加工周期，工厂预制率达到 100%（图 4.30）。

2.1.3　装配式钢结构设计

结构形式采用钢框架—钢板剪力墙或阻尼器结构形式（图 4.31）。

（1）柱网采用标准柱网 6.6m×6.6m；

（2）钢柱：主要采用口 400、口 350 方管柱/箱型柱并内灌 C50 自密实混凝土；

（3）钢梁主要采用 H350×150 焊接 H 型钢梁，并将梁偏心布置将保证室内无梁无柱；

（4）抗侧力构件采用阻尼器和钢板剪力墙；

（5）楼板采用钢筋桁架楼承板及钢筋桁架叠合楼板；

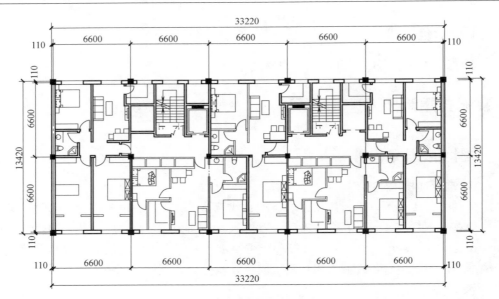

图 4.30　标准化户型

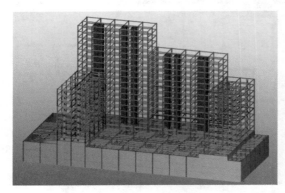

图 4.31　结构模型

（6）外墙体系采用砂加气条板＋保温装饰一体板及预制混凝土挂板。

2.1.4　抗震设计

结构设计使用年限：50 年；

结构安全等级：二级；

抗震设防类别：标准设防类，丙类；

抗震设防烈度：8 度；设计地震基本加速度值：0.2g；地震分组为第一组；

场地类别：Ⅲ类；

基本风压：0.45kN/m²；地面粗糙度类别：B 类；

基本雪压：0.40kN/m²；

基础设计等级：甲级；

建筑防火分类：二类；建筑防火等级：二级；

框架柱抗震等级：一级；钢梁、组合钢板剪力墙抗震等级：三级；

抗浮设计水位：绝对标高 32.00m（相当于相对标高－7.20m）；

基础持力层为粉细砂，地基承载力标准值为 260kPa。

2.1.5　结构特点及装配化设计

所有楼屋面均采用钢筋桁架楼承板，无底模、免支撑，大大提高了楼屋面板的施工效率，比传统脚手架支模现浇楼板节省 40％以上的工期（图 4.32）。

工程 1 号楼和 4 号楼采用墙板式阻尼器这一新技术，既提高了结构的安全性，又避免了对住宅户型的影响，建筑空间可以灵活分割；2 号楼和 3 号楼采用组合钢板剪力墙这一抗侧力体系，既有效地解决了结构的抗侧力问题，提高了结构延性和抗震性能，也降低了结构用钢量（图 4.33）。

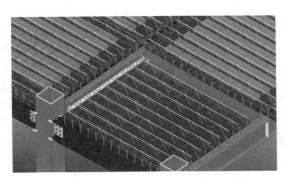

图 4.32　BIM 模型中的钢筋桁架楼承板

图 4.33　墙板式阻尼器（实物）

本工程采用装配化全钢结构，所有钢柱、钢梁及钢筋桁架楼承板均为工厂化生产，现场装配化安装，比传统现浇混凝土结构缩短工期 50% 以上（图 4.34）。

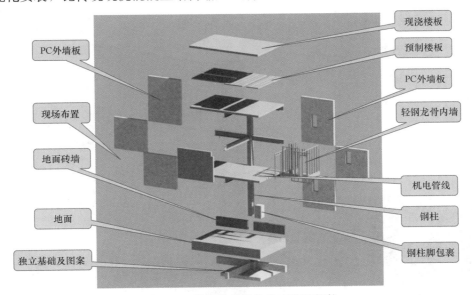

图 4.34　装配化钢结构住宅部品部件

本工程框架梁柱连接节点采用高强螺栓和焊接结合的复合形式，既照顾了装配化施工的要求，相比全螺栓连接也降低了造价。

2.2　围护结构技术应用

2.2.1　围护结构部品标准化设计

根据标准化的模块，再进一步进行标准化的部品设计，形成标准化的钢结构楼梯构件、预制 PC 外墙、预制蒸压砂加气条板内、外墙（图 4.35～图 4.37），大大减少结构构件数量，为建筑规模量化生产提供基础，显著提高构配件的生产效率，有效地减少材料浪费，节约资源，节能降耗。

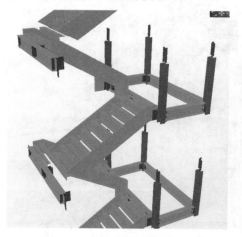

图 4.35　标准钢结构楼梯构件

图 4.36　预制 PC 外墙构件

2.2.2　外墙板选用

本工程墙板体系采用 ALC 条板＋保温装饰一体板及预制混凝土外墙挂板两种形式，在满足建筑节能及保温的前提下，采用装配式干法施工提高了施工效率（图 4.38、图 4.39）。

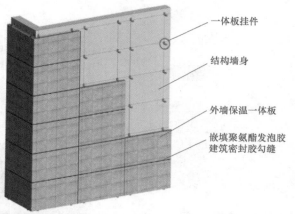

一体板挂件

结构墙身

外墙保温一体板

嵌填聚氨酯发泡胶
建筑密封胶勾缝

图 4.37　预制蒸压砂加气条板内、外墙构件

图 4.38　ALC 条板外墙模型及现场照片

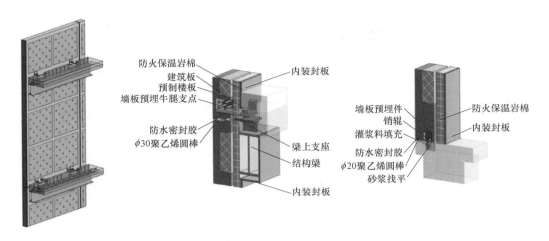

图 4.39　预制混凝土外墙挂板节点模型

2.3　设备系统技术应用

装配式建筑的设计应是涵盖主体结构、水暖电专业、装饰装修集成一体的装配式设计，采用 BIM 三维软件将建筑、结构、水暖电、装饰等专业通过信息化技术的应用，将水暖电位与主体装配式结构、装饰装修实现集成一体化的设计，并预先解决各专业间在设计、生产、装配施工过程中的协同问题（图 4.40、图 4.41）。

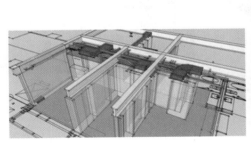

图 4.40　水平方向的水暖电设计

2.4　装饰装修系统技术应用

采用 SI 体系装修，结构体 S（Skeleton）和居住体（Infill）完全分离，使装修作业不破坏建筑结构，便于水、暖、电安装敷设。工业化部品集成包括钢框架、整体卫浴、整体橱柜、设备管线与结构主体分离、智能家居、干式地暖等部分（图 4.42）。根据消费者居家习惯、家居部品配套、功能空间、动线规划进行家装设计，家居设计的模数以板材利用率最大化为原则，室内空间的模数以建材常规规格为原则。

图 4.41　竖直方向的水暖电设计

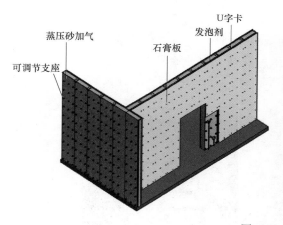

图 4.42　SI 内装

2.5　信息化技术应用

工程项信息化技术应用主要是以 BIM 为核心技术的应用，具体如下：

1）BIM 构件建设

本项目是装配式钢结构住宅用到非常多的部品部件，必须提前对各种部品的性能、参数有储备，以虚拟部品的形式建好模型，加载必要的信息，以便在产品实施过程中调用，实现共享（图 4.43）。

2）BIM 户型库

钢结构装配式住宅产品不同于传统结构，例如剪力墙结构住宅，户型是一个系统工程，有其内在的特点，尤其是结构对户型的约束很大。基于本项目应用 BIM 技术方便把结构构件和建筑构件系统直观推敲出 18 层以下，柱网全部为 6600×6600 标准柱网，可演变出多种面积的套型，以实现套型多样化。特别说明的是，该项目户型有严格的套型比要求和日照间距的问题，进深不能做大，只能做成板楼。柱网内不能加次梁，叠合楼板要求跨下

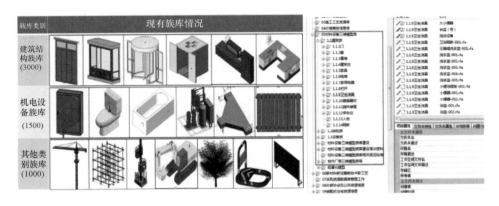

图 4.43　部品库族库展示图

不能太大，应用 BIM 技术可以方便地实现利用各种构件真实数据统筹户型模型（图 4.44）。

图 4.44　BIM 户型库

3）BIM 施工图

施工图阶段，全部在 ArchiCAD 中完成建筑专业设计，并将 TEKLA 钢结构深化模型通过 IFC 格式导入 ArchiCAD 进行精细化协调（图 4.45）。

4）施工模型搭建应用

通过场部模型的搭建分析塔吊工作半径，确定塔吊位置无盲区。基坑模型搭建精准安排护坡桩施工管理以及各种工艺模型指导现场施工（图 4.46）。

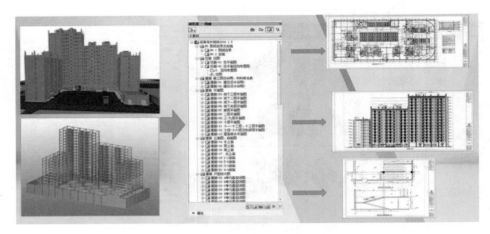

图 4.45 BIM 施工图

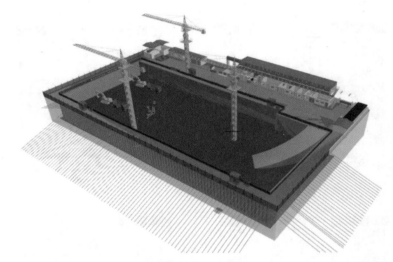

(a) 基坑开挖及场地布置模型

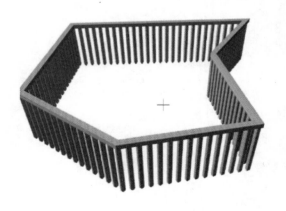

(b) 支户桩GDL构件

图 4.46 基坑开挖及场地布置模型（一）

(c) 冬季施工措施模型　　　　　　　　(d) 地下室外墙单侧支模模型

图 4.46　基坑开挖及场地布置模型（二）

5）施工管理 BIM 应用

在施工管理方面本项目应用世界先进的 5D 软件 VICO 进行部分工程的计划管理（图 4.47），基本流程是：构件分类及工程量计算——构件对应工序——不同工序的工效加载——各工序完成时间。

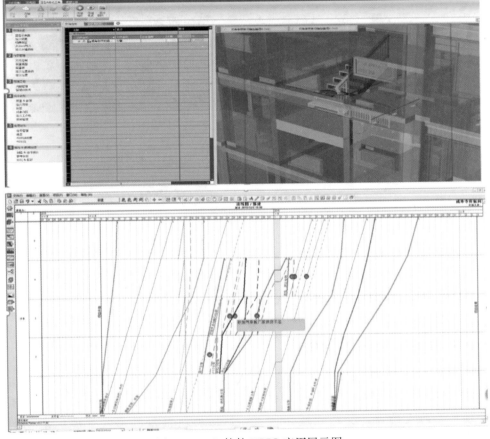

图 4.47　5D 软件 VICO 应用展示图

6）机电预制安装

成寿寺 B5 项目在机电方面的 BIM 应用包含：管线综合、管线优化、预留预埋、模型深化以及对接工厂下料单及设备生产，现场的预制安装。同时应用 EBIM 系统做物料跟踪和问题协同及进度管理（图 4.48）。

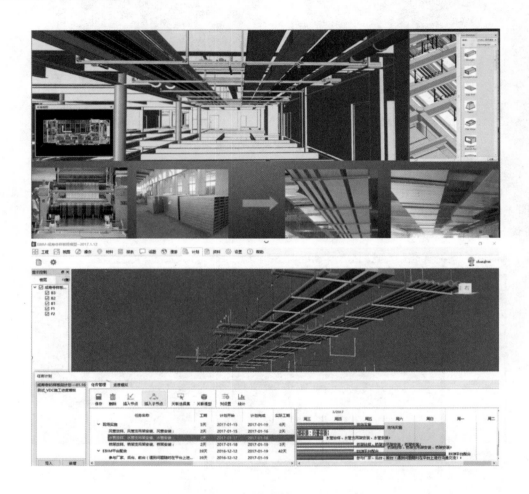

图 4.48　机电预制安装阶段的 BIM 应用展示图

3　构件生产、安装施工技术应用情况

3.1　钢构件生产制作与运输管理

3 号楼所用构件主要分为三类：一是钢梁、钢柱；二是预制混凝土外墙挂板、蒸压加气混凝土条板；三是钢筋桁架楼承板。其中，预制混凝土外墙挂板、蒸压加气混凝土条板一般采用自动化流水线生产，一般以经济批量的形式开展标准化的生产制作。

3.2　装配施工组织与质量控制

图 4.49　施工现场照片

3.2.1　钢梁、钢柱安装

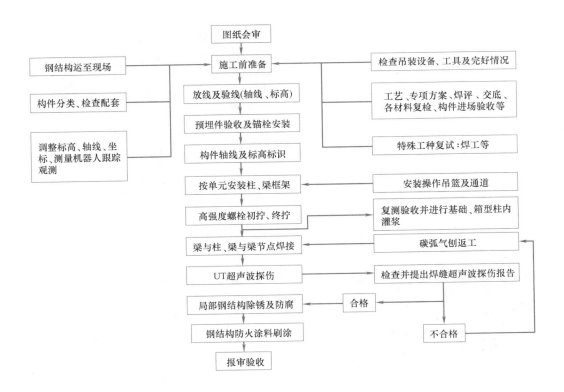

图 4.50　梁柱安装流程和现场照片（一）

图 4.50　梁柱安装流程和现场照片（二）

3.2.2　墙板安装

3.2.3　楼板安装

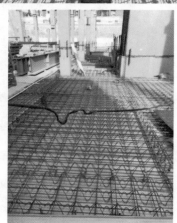

图 4.51　墙板安装现场照片　　　　　图 4.52　楼板安装现场照片

4 效益分析

4.1 成本分析

依据实际实施过程中所积累的数据支撑下，分析北京市丰台区成寿寺 B5 地块定向安置钢结构装配式住宅项目与传统建筑对比工程造价增量及产生的原因（表 4.5）。

综合对比分析钢结构体系与传统钢筋混凝土结构造价分析，对比分析发现该项目的成本增加约为 10％左右（表 4.6）。

成寿寺 B5 项目钢结构住宅与传统现浇结构的成本增量分析表　　表 4.5

分项		相比传统建筑成本变化	原　因
设计成本		增加	设计环节增加了如钢结构、墙板及楼板的深化设计阶段的成本
机械费		增加	相比传统现浇体系不可避免增加了钢构件、PC 预制构件、叠合楼板所需使用的塔吊、吊装车辆相关次数，因此机械成本会呈现增加趋势
材料费	预制构件	增加	相比传统现浇体系商混和钢筋 现在的预制构件单价相比前者要贵，预制构件已成为增量的主要原因
	模板	降低	混凝土浇筑过程中，空腹钢柱、钢筋桁架楼板、叠合楼板已是模板，不必另支模，模板相关费用大大减少
	抹灰砂浆	降低	预制构件表面光滑，精度达毫米级，相关抹灰砂浆及修补用量大大减少
人工费/生产效率		降低/提高	主要是大部分工作由加工制作厂工人完成，现场装配，主体结构期间人工费对比传统现浇结构人工费降低 30％～50％
资源使用		降低	施工节水 60％，节能 20％，建筑垃圾减少 80％、脚手架、支架减少 70％

成寿寺 B5 项目钢结构住宅与传统现浇结构材料消耗比较分析　　表 4.6

数据名称	现浇住宅	钢结构装配式住宅
一、钢筋		
钢筋（kg/m²）	54.42	33.34
预埋件（kg/m²）	0.62	1.10
二、混凝土		
混凝土（m³/m²）	0.39	0.34
水（m³/m²）	0.78	0.58
三、模板		
木模板（m²/m²）	14.46	4.2
钢模板（m²/m²）	0.09	0.13

4.2 用工分析

大部分构件加工制作由加工制作厂工人完成，现场装配，装配式钢结构人工费单价低于混凝土结构人工费单价，装配式钢结构单方人工消耗低于混凝土结构单方人工消耗，该项目主体结构期间人工费对比传统现浇结构人工费降低30％～50％。

4.3 用时分析

成寿寺 B5 项目用时分析　　　　　　　　　　　　　　　　表 4.7

分部分项工程	计划完成时间	实际完成时间
土方施工	2016 年 4 月 16 日	2016 年 4 月 25 日
地下结构	2016 年 9 月 30 日	2016 年 10 月 15 日
主体施工	2016 年 11 月 30 日	2017 年 3 月 25 日
外墙板	2017 年 5 月	2017 年 6 月 1 日
装修	2017 年 6 月 25 日	2017 年 9 月 20 日
市政	2017 年 6 月 30 日	2017 年 10 月 20 日

工期影响因素主要有天气（雨雪、雾霾）、设计变更、部分新工艺做法加工制作时间长等。

4.4 "四节一环保"分析

（1）太阳能集中供热，提高能源利用率；

（2）中水给水系统：水源来自市政中水管网，中水泵房设于地下车库；

（3）照明系统：照明节电器及节能型灯具；

（4）雨水收集系统：在工地东侧大门砌筑雨水收集池，利用收集雨水洒水降尘；

（5）装配式钢结构全生命周期永久绿色、环保；

（6）钢筋桁架楼承板节约材料，无周转材料、无建筑垃圾，绿色环保；

（7）装配式单侧定型模板，节约材料、提高利用率，提高效率；

（8）地下室外墙无肥槽技术施工，节约能源，保护资源，减少污染，提高效率；

（9）地上预制混凝土外墙和砂加气 AAC 外墙，减少污染，提高装配率，绿色环保；

（10）三脚架支撑：绿色环保减少造成的污染，提高利用率，节约时间。

【专家点评】

北京丰台区成寿寺 B5 地块定向安置房项目以 3 号楼为例，该楼平面尺寸为 33m×13.2m，建筑总高度为 49.05m，地上 16 层，地下共 3 层，首层层高 4.5m，其余层高 2.9m，建筑面积 6875m²。采用钢框架钢板剪力墙结构体系，楼盖采用钢筋桁架楼承板，外墙采用预制混凝土外墙挂板、蒸压加气混凝土条板。由北京建谊建筑工程有限公司开发承建。

该项目完全符合"工厂制造、现场装配"的工业化建筑生产方式，采用钢结构体系，不仅抗震性能好、钢材可回收再利用、施工速度快，而且建造规范标准齐全、技术成熟、安全可靠、全装配化，是目前我国推行装配式建筑的最好形式。

围护体系全部采用墙板装配，效率高，符合装配式建筑要求。蒸压加气混凝土条板在我国建筑工程中早有使用，不仅有产品标准，而且有应用技术规程，用作建筑墙体日趋成熟。外墙再用"一体板"包裹，不仅解决了保温与装饰一体化，更重要的是解决了墙体有可能产生裂缝的风险，体现了设计建造者务实的科学水平。

建筑户型平面图符合框架结构的要求，作者注意到了钢结构建筑的"建筑与结构的一体化"的特点，为施工和装修带来了方便，提高了效率。

北京建谊建筑工程有限公司承建的该项目，实现了全装配化作业，选用结构体系安全可靠，选用围护系统安全可靠、技术先进、经济合理，总体上是采用现有的材料、技术，集成创新。值得学习和推广。

水电暖按传统的做法完全能够满足装配化施工的需要。

（王明贵　中国建筑科学研究院教授级高级工程师）

案例编写人：

姓名：张鸣

单位名称：北京建谊投资发展（集团）有限公司

职务或职称：总裁

第五章　钢框架—支撑—剪力墙体系

【案例 11】　浭阳新城二区 A-4-6 地块 4 号楼新型装配式高层钢结构住宅工程

摘　要

钢结构住宅建筑有很多比钢筋混凝土建筑优越的特点，但是在推广应用特别是产业化过程中存在着一些共性的技术经济问题。针对这些问题，中冶建筑研究总院有限公司牵头，联合中国二十二冶集团有限公司、中国中冶装配式建筑技术研究院和清华大学未来城镇与基础设施研究院合作开发了中冶钢构绿建房（MCC Steel House）钢—混凝土板柱结构体系。该体系在浭阳新城二区 A-4-6 地块商住楼项目 4 号楼成功进行了示范应用。该体系基于结构受力体系可分、户型可变和钢与混凝土优势可合的研发理念，具有竖向承重与水平抗侧分离的结构体系、双肢钢管混凝土组合柱、装配式混凝土密肋楼盖、结构—围护—保温一体化技术等一系列创新技术；利用钢梁与楼板一体化集成技术、钢柱与外墙一体化集成技术、支撑与外墙一体化技术等解决了钢结构住宅普遍存在的钢梁钢柱外露影响使用体验、结构防腐防火费用高、涂装与结构使用年限不匹配、墙体装配化程度低等行业共性技术难题；大空间可变户型设计充分发挥了钢结构轻质高强、跨越能力强的优势，相比于混凝土剪力墙住宅形成差异化竞争优势。

1　典型工程案例简介

1.1　基本信息

（1）项目名称：浭阳新城二区 A-4-6 地块商住楼项目

（2）项目地点：唐山市丰润区康宁路东侧、光华道北侧

（3）开发单位：中冶万城房地产开发有限公司

（4）设计单位：中国二十二冶集团有限公司设计院

（5）技术研发单位：中冶建筑研究总院有限公司

（6）深化设计单位：中国二十二冶集团有限公司设计院

（7）施工单位：中国二十二冶集团有限公司

（8）预制构件生产单位：中国二十二冶集团有限公司装配式住宅产业分公司

（9）进展情况：浭阳新城二区 A-4-6 地块商住楼项目于 2017 年 3 月 20 日开工建设，2018 年 8 月封顶

1.2 项目概况

1.2.1 项目总体概况

本工程总建筑面积：169685m²，其中地上141956m²，地下27729.64m²。共包括10栋单体住宅和1个连体车库组成。其中1号、2号、3号、5号属于商住楼，地上11～30层，混凝土剪力墙结构，水平构件采用预制构件；4号楼为新型装配式钢结构住宅示范楼，地上22层，外墙板采用混凝土预制墙体；6号楼为商住楼，地上28层，混凝土剪力墙结构，整体采用铝模板；7号楼为商住楼，地上11/27层，混凝土剪力墙结构，外墙板采用预制混凝土剪力墙；其他三栋分别为8号、9号、10号楼地上2～3层，其中8号、9号楼为商业，10号楼为幼儿园，混凝土框架结构（图5.1）。

图5.1 项目整体效果图

1.2.2 4号楼新型装配式钢结构住宅示范项目概况

（1）建筑规模：总建筑面积为10850.86m²，其中地上建筑面积为9983.85m²，地下建筑面积为867.01m²；建筑户型为一梯四户。建筑标准层平面布置图如图5.2所示。

（2）建筑层数：地上22层，地下2层。

（3）建筑高度：建筑总高67.4m；建筑立面和建筑效果图如图5.3所示。

（4）结构形式：钢框架—支撑—剪力墙，地下部分为钢筋混凝土现浇结构，1～2层为钢结构层和3～22层为装配式钢结构，共计2个单元。单层预制构件数量：墙板（部分带梁）47块，楼板58块，楼梯2块，阳台（带空调板）3块，空调板6块。

（5）结构层高：地下1层层高3.3m，地下2层层高2.82m，地上1层层高3m，地上2～22层层高3m。

（6）本工程的钢结构含钢量为71kg/m²，总体钢结构用钢量约为800t，钢筋用量42.6kg/m²。

该项目采用了中冶钢构绿建房（MCC Steel House）—钢—混凝土板柱结构体系，钢柱布置在外墙周边及分户墙处，户型内部无柱，具有开放式超大空间、SI住宅、高度集成化、钢结构防火防腐一体化等技术优势，并采用BIM信息化技术实现了建筑产品的全生命周期管理。从三维设计、施工模拟到成本控制、进度模拟，真正实现了BIM信息化应用，为开发商掌控成本、承建商把握进度提供了有力的保障。

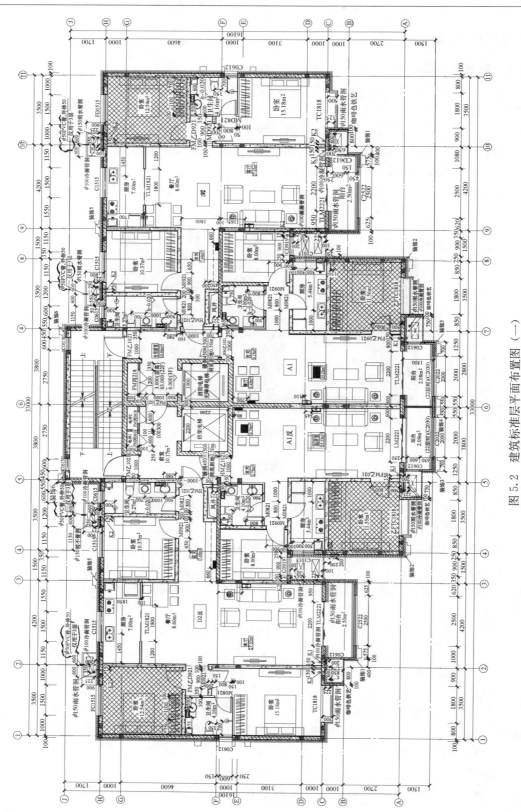

图 5.2 建筑标准层平面布置图（一）

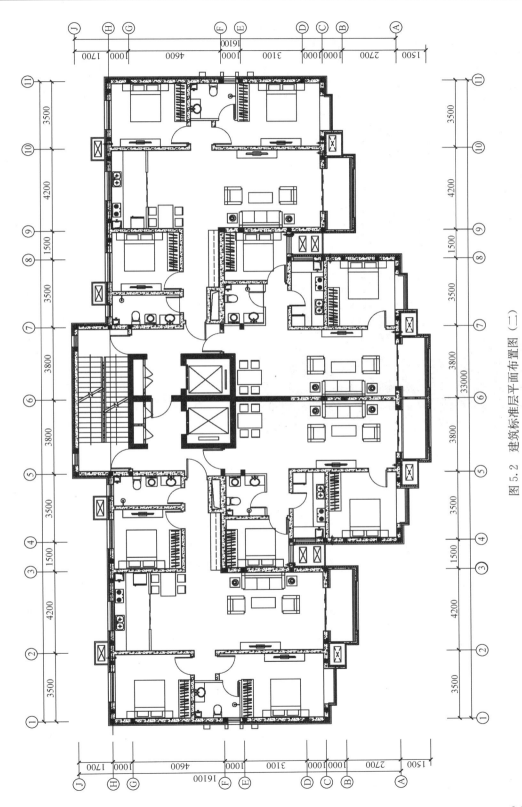

图 5.2 建筑标准层平面布置图 (二)

(a) 建筑效果图

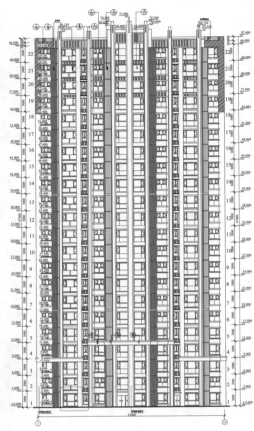

(b) 建筑立面图

图 5.3　建筑效果图和建筑立面图

　　柱为钢管混凝土联肢柱，截面为 200mm×200mm，与外墙齐平，这样房间内无棱角，便于摆放家具，方便用户使用。外墙保温、墙体和钢梁整体在工厂预制在一起，实现外墙安装一次性完成，有利于防火并且极大地提高了安装效率。楼板采用预制密肋叠合楼板，预制密肋及底板在工厂生产，安装时又可以当作底模使用，省去大量模板。预制好的底板通过吊装落在钢梁下翼缘，楼板钢筋穿过钢梁腹板，形成混凝土榫，达到钢梁与混凝土的协同工作。密肋叠合楼板的上层板采用现浇，增强楼板整体性。核心筒剪力墙采用预制，上下层墙体钢筋采用套筒连接，楼梯采用预制混凝土楼梯。

　　在项目实施过程中通过集成化设计、工业化生产、装配化施工、一体化装修，实现了建造方式的升级换代；实现了工程设计、部品部件生产、施工及采购统一管理和深度融合，强化了全过程监管，确保工程质量安全；开启了由"建造房屋"向"制造房屋"的转变。

1.3　工程承包模式

　　本工程是中国二十二冶集团有限公司施工总承包模式，构件由中国二十二冶集团有限公司装配式住宅产业分公司提供。

2　装配式建筑技术应用情况

2.1　主体结构技术应用

2.1.1　钢—混凝土板柱结构体系应用

　　结构体系采用钢框架—支撑—剪力墙结构体系，楼板采用装配式叠合空心楼板，5～22层剪力墙采用预制。剪力墙抗震等级为一级，钢结构抗震等级为二级。采用天然地基，基础形式为筏板基础。多高层住宅的钢—混凝土板柱结构体系，解决了常规住宅结构小开间、小空间的问题，实现了梁柱不外露，室内无柱大空间、户型可自由分割灵活布置，显著提升了住宅使用性能（图5.4～图5.6）。

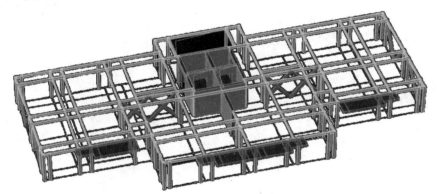

图5.4　楼盖三维图

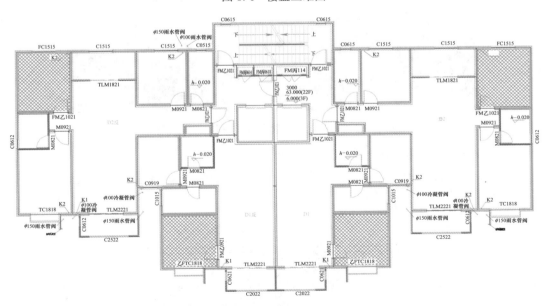

3～22层平面图1:50

图5.5　平面图

注：绿色为隔墙，灰色表示结构墙。

245

图 5.6　示范工程现场照片（梁柱无外露，套内大空间，可灵活布局）

2.1.2　与墙板一体化的钢管混凝土联肢柱技术应用

与墙板一体化的钢管混凝土联肢柱，既提高了钢柱抗侧能力，又解决了住宅中钢柱外露难题（图 5.7）。

图 5.7　与墙板一体化的钢管混凝土联肢柱技术应用照片

2.1.3　双向叠合空心楼板组合扁梁楼盖技术应用

双向叠合空心楼板组合扁梁楼盖技术降低了楼盖高度，提升了楼盖刚度和使用舒适度，解决了住宅中钢梁外露的难题（图 5.8、图 5.9）。

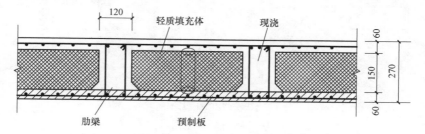

图 5.8　双向叠合空心楼板组合扁梁楼盖构造详图

(a) 钢梁安装完成

(b) 密肋叠合板安装于钢梁下翼缘

(c) 密肋叠合板上铺设填充块

(d) 叠合板上部混凝土浇筑完成，钢梁隐藏

图 5.9 双向叠合空心楼板组合扁梁楼盖施工过程

2.1.4 结构构件—保温—装饰一体化围护墙板技术应用

结构构件—保温—装饰一体化围护墙板技术既解决了外挂墙板与钢结构变形协调的问题，又解决钢构件冷桥问题（图 5.10、图 5.11）。

(a) 带钢柱复合墙板安装

图 5.10 结构构件—保温—装饰一体化围护墙板技术应用照片（一）

247

(b) 带钢梁复合外墙安装

图 5.10　结构构件—保温—装饰一体化围护墙板技术应用照片（二）

(a) 墙体竖向缝的断桥处理　　　　　　　　　(b) 墙体水平缝的断桥处理

图 5.11　结构构件—保温—装饰一体化围护墙板接缝处理

2.1.5　基于钢筋搭接连接的装配整体式混凝土剪力墙技术应用

基于钢筋搭接连接技术的 PC 装配式混凝土剪力墙结构成套技术，竖向钢筋通过在后浇段内实现搭接连接，后浇区域采用等标号混凝土浇筑，实现整体竖向连接，通过注浆孔可实现同层混凝土一次性浇筑。该项技术具有以下优势：①钢筋连接质量检查直观、可靠；②不使用套筒，生产成本减少；③安装快速精准、调整方便，施工效率高；④可同层浇筑，施工进度有保证；⑤构件采用工厂平模制作质量可控、后浇混凝土模板定型程度高（图 5.12）。

2.1.6　钢管混凝土隔板贯通节点技术应用

联肢梁与多肢柱采用隔板贯通节点，以减少隔板外露对建筑使用的影响，实现了节点区隔板不外露的效果（图 5.13）。

图 5.12　核心筒装配整体式混凝土剪力墙施工照片

图 5.13　钢管混凝土隔板贯通节点照片

2.2　围护结构技术应用

2.2.1　预制夹心保温外墙板部品技术

预制夹心保温外墙板由钢筋混凝土、挤塑聚苯板等多种材料组成，分外叶和内叶两部

图 5.14 预制夹芯保温墙体图

分结构，墙体内设计填充砌块，减轻墙体重量，墙体结构是防火、保温一体化，构造设计可有效地解决钢柱、钢梁等钢结构的冷桥现象。预制夹心保温外墙板如图 5.14 所示。

2.2.2 墙板接缝密封施工技术

本工程密封防水技术主要采用的方式为材料密封和构造方式两种，室内外均采用密封胶做防水，外侧防水采用耐候胶密封，主要用于防止紫外线、雨雪等气候的影响。而内侧二道防水主要是隔断突破外侧防水的外界水汽与内侧发生交换，同时也能阻止室内水流入接缝，造成漏水。预制构件端部的企口构造也是构造防水的一部分，可以与两道材料防水、空腔排水口组成的防水系统配合使用；通过处理满足装配式建筑的使用功能及耐久性、安全性要求，达到了良好的效果（图 5.15）。

(a) 墙体竖向缝的断桥处理

(b) 墙体水平缝的断桥处理

图 5.15 预制夹芯保温墙体图

2.2.3 结构围护一体化技术

围护夹心保温混凝土外墙板与钢梁、钢支撑组合墙体一体化部品制作，在装配式钢结构住宅中将钢梁和钢斜支撑安装在夹心保温外墙板中（放在 200mm 厚内叶中）与夹心保温外墙板预制在一起，即外叶为 50mm 厚钢筋混凝土＋75mm 挤塑聚苯板＋内叶（钢梁、钢斜支撑、格构式梁、加气块）＋30mm 厚内叶钢筋混凝土，共 355mm 厚。此发明解决了钢梁、斜支撑的防火问题，实现了保温一体化，保温与结构同寿命，解决了与钢梁、钢斜支撑的冷桥现象，解决了钢梁、钢斜支撑底部封堵不密实、易产生裂缝的现象，避免了在砌筑墙体上抹灰、粘贴挤塑聚苯板容易脱落的现象，利用钢梁进行墙体吊装，解决了墙体的吊装问题，同时也加快了钢结构安装速度，且外墙板现场安装施工速度比传统砌筑快，减少了现场湿作业，保护环境，有利于现场文明施工（图 5.16）。

(a) 带钢梁处墙板

(b) 带飘窗的钢梁外墙板

(c) 带钢柱复合墙板1

(d) 带钢柱复合墙板2

图 5.16　结构围护一体化部品

2.3　设备系统技术应用

　　整个工程采用户内中央空调系统、户内中央新风系统、低压辐射地板采暖系统、家居智能化系统（可视对讲技术、综合布线技术）等。

　　设备管线采用 BIM 手段实现预拼装，实现了设备管线、管道安装的模块化及标准化施工，在施工准备阶段完成优化，提高工程的施工效率。

2.4　装饰装修系统技术应用

2.4.1　装配式整体式厨房

　　本工程采用一体化整体厨房，将橱柜、抽油烟机、燃气灶具、消毒柜、洗碗机、冰箱、微波炉、电烤箱、各式挂件、水盆、各式抽屉拉篮、垃圾粉碎器等厨房用具和厨房电器进行系统搭配而成的一种新型厨房形式。利用"系统搭配"实现厨房空间的整体配置，整体设计，整体施工装修。工程设计阶段将橱柜、厨具和各种厨用家电按其形状、尺寸及使用要求进行合理布局，巧妙搭配，能够实现厨房用具一体化。

　　充分体现了装配式整体厨房的整体化、健康化、安全化、舒适化、美观化的优势和理念。

2.4.2　装配整体式卫生间

　　工程采用整体装配式卫生间，整个卫生间及卫生洁具设施由工厂预制的一体化防水底盘、墙板、顶板（天花板）构成的整体框架，在现场积木式拼装，配上各种功能洁具形成的独立卫生单元。具有标准化生产、快速安装、防漏水等多种优点，可在最小的空间内达到最佳的整体效果（图 5.17）。

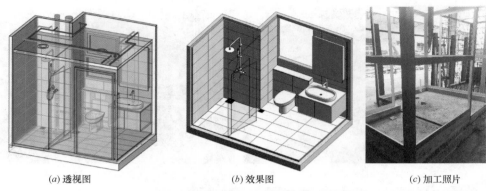

| (a) 透视图 | (b) 效果图 | (c) 加工照片 |

图 5.17　装配整体式卫生间

2.5　信息化技术应用

在方案设计阶段引入 BIM 技术，配合结构体系、三板体系、卫生间与阳台等选型工作，为实现钢结构建筑的结构系统、外围护系统、内装系统、设备与管线系统集成一体化设计提供信息化支撑。借助 BIM 技术，整合钢结构体系与建筑功能之间的关系，优化结构体系与结构布置；选取合适的内外墙体系，细化建筑节点构造，实现建筑功能高标准的要求。信息化技术应用的部分应用场景如图 5.18 所示。

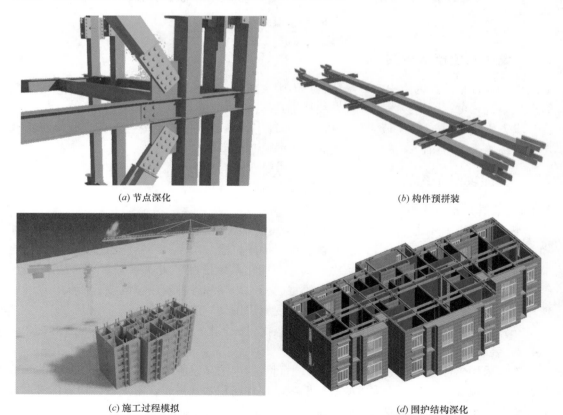

| (a) 节点深化 | (b) 构件预拼装 |
| (c) 施工过程模拟 | (d) 围护结构深化 |

图 5.18　信息化技术部分应用场景

3　构件生产、安装施工技术应用情况

3.1　预制构件生产制作

3.1.1　装配式钢—混结构复合柱生产预制

1）工艺流程

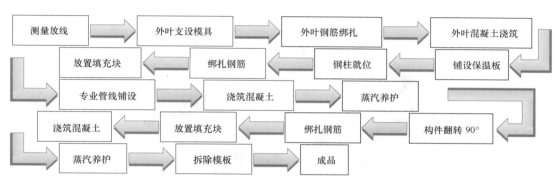

图 5.19　工艺流程

2）工程实施效果

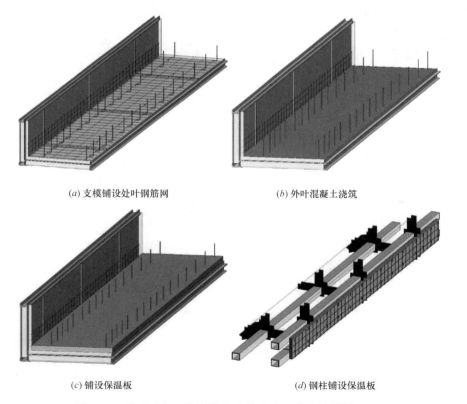

(a) 支模铺设处叶钢筋网　　　　　(b) 外叶混凝土浇筑

(c) 铺设保温板　　　　　(d) 钢柱铺设保温板

图 5.20　装配式钢—混结构复合柱生产工艺实施效果（一）

(e) 钢柱就位　　　　　　　　　　(f) 绑扎钢筋铺设填充块

(g) 专业管线铺设　　　　　　　　(h) 浇筑混凝土

(i) 混凝土达到强度钢柱翻转90°　　(j) 绑扎钢筋铺设填充块

(k) 混凝土浇筑　　　　　　　　　(l) 拆除模板

图 5.20　装配式钢—混结构复合柱生产工艺实施效果（二）

3.1.2 钢—混复合梁预制生产预制

1）工艺流程

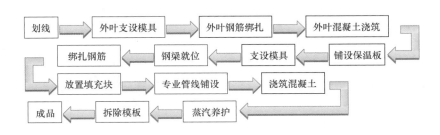

图 5.21 工艺流程

2）工程实施效果

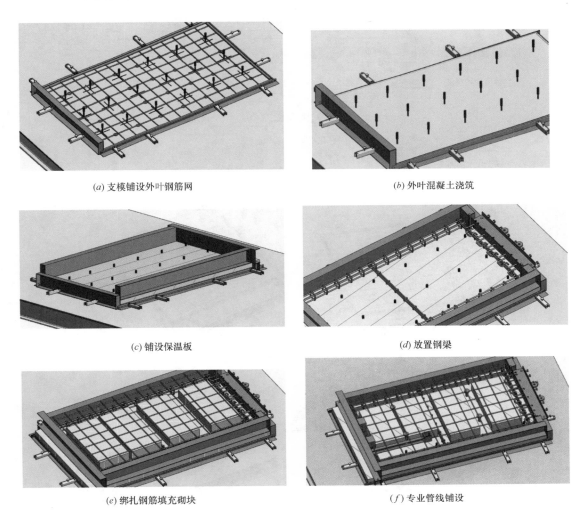

(a) 支模铺设外叶钢筋网

(b) 外叶混凝土浇筑

(c) 铺设保温板

(d) 放置钢梁

(e) 绑扎钢筋填充砌块

(f) 专业管线铺设

图 5.22 钢—混复合梁生产工艺实施效果（一）

(g) 内叶混凝土浇筑　　　　　　　　　　　　(h) 拆除模板

图 5.22　钢—混复合梁生产工艺实施效果（二）

3.1.3　钢结构—混凝土复合外墙板的生产预制

1）工艺流程

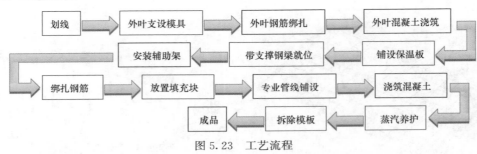

图 5.23　工艺流程

2）工程实施效果

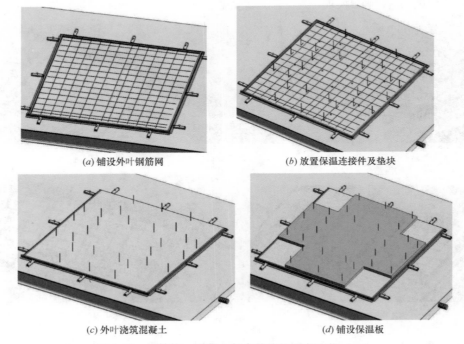

(a) 铺设外叶钢筋网　　　　　　　　　　　　(b) 放置保温连接件及垫块

(c) 外叶浇筑混凝土　　　　　　　　　　　　(d) 铺设保温板

图 5.24　钢结构—混凝土复合外墙板生产工艺（一）

256

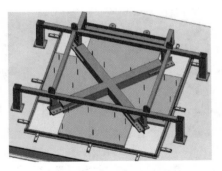

(e) 放置辅助架及带支撑钢梁

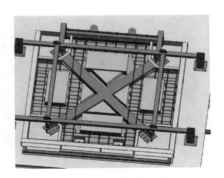

(f) 绑扎钢筋放置填充块

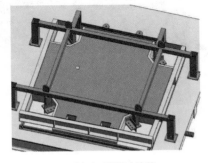

(g) 内叶混凝土浇筑

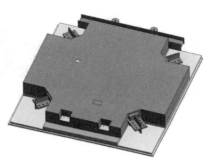

(h) 拆除模板

图 5.24　钢结构—混凝土复合外墙板生产工艺（二）

3.1.4　集建筑—结构—水电集合的预制楼板的生产和预制

1）工艺流程

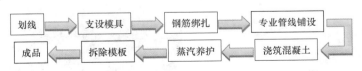

图 5.25　工艺流程

2）工程实施效果

(a) 支设模板

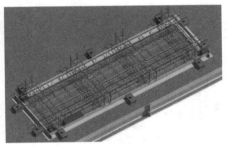

(b) 绑扎钢筋放置支撑架

图 5.26　集建筑—结构—水电集合的预制楼板生产工艺（一）

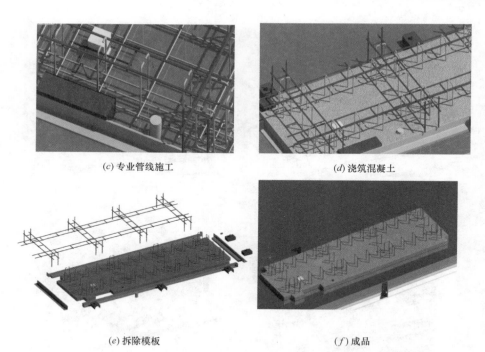

(c) 专业管线施工　　　　　　　　　　(d) 浇筑混凝土

(e) 拆除模板　　　　　　　　　　　　(f) 成品

图 5.26　集建筑—结构—水电集合的预制楼板生产工艺（二）

3.1.5　预制成品构件照片

(a) 带钢梁外墙板　　　　　　　　　　(b) 带飘窗的钢梁外墙板

(c) 带钢柱复合墙板1　　　　　　　　(d) 带钢柱复合墙板2

图 5.27　预制成品构件照片（一）

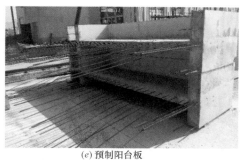

(e) 预制阳台板

(f) 预制楼梯

图 5.27　预制成品构件照片（二）

3.2　预制构件安装方法

3.2.1　钢结构安装方法

1）首节柱安装

（1）工艺流程

基础测量放线　→　钢柱吊装　→　安装校正　→　钢柱固定

图 5.28　工艺流程

（2）工程实施效果

(a) 测量放线

(b) 钢柱吊装

(c) 安装校正

(d) 钢柱固定完成

图 5.29　首节柱安装方法

259

2）标准节柱安装

（1）工艺流程

图 5.30　工艺流程

（2）工程实施效果

(a) 测量放线　　　　　　　　　　　　　　(b) 安装校正

(c) 钢柱对接　　　　　　　　　　　　　　(d) 安装完成

图 5.31　标准节柱安装方法

3.2.2　夹心保温外墙安装方法

1）带钢柱的复合外墙板

（1）工艺流程

图 5.32　工艺流程

（2）工程实施效果

(*a*) 柱顶测量

(*b*) 带钢柱复合外墙板起吊

(*c*) 安装就位

(*d*) 焊接固定

(*e*) 焊接完成

(*f*) 安装完成

图 5.33　带钢柱的复合外墙板安装方法

2）带钢梁复合外墙板

（1）工艺流程

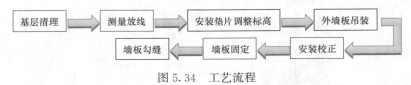

图 5.34　工艺流程

（2）工程实施效果

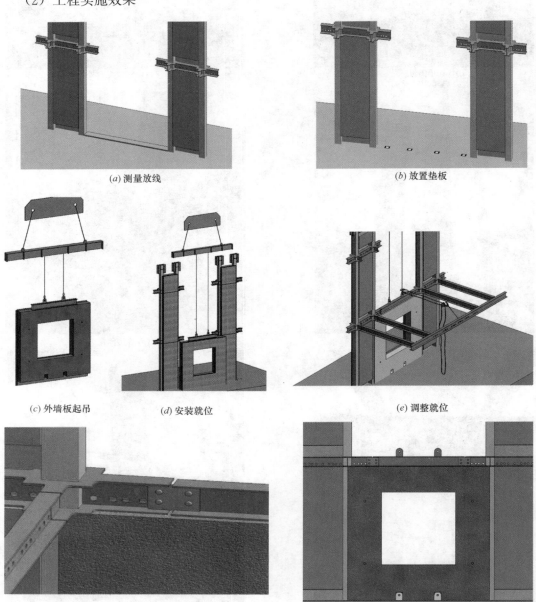

（a）测量放线

（b）放置垫板

（c）外墙板起吊

（d）安装就位

（e）调整就位

（f）安装螺栓

（g）安装就位

图 5.35　带钢梁复合外墙板安装方法（一）

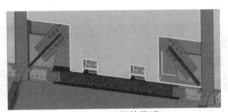

(h) 焊接吊耳

(i) 灌浆勾缝

图 5.35　带钢梁复合外墙板安装方法（二）

3.2.3　楼板系统安装方法

1）工艺流程

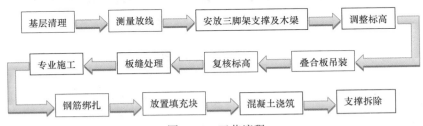

图 5.36　工艺流程

2）工程实施效果

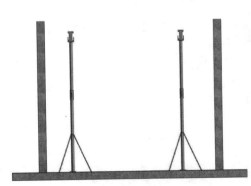

(a) 安放支架并调平

(c) 叠合板安装就位

(b) 叠合板吊装

(d) 钢筋绑扎

图 5.37　楼板系统安装方法（一）

（e）专业及填充块铺设　　　　　　　　（f）混凝土浇筑

图 5.37　楼板系统安装方法（二）

3.2.4　内墙板安装方法

1）工艺流程

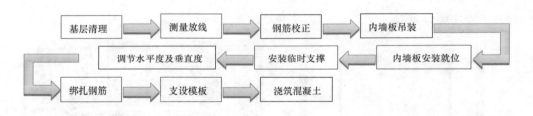

图 5.38　工艺流程

2）工程实施效果

（a）墙板吊装就位　　　　　　　　（b）墙体设置斜支撑

图 5.39　内墙板安装方法（一）

(c) 墙体垂直调整　　　　　　　　　　　(d) 墙体安装完成

图 5.39　内墙板安装方法（二）

4　效益分析

4.1　成本分析

溧阳新城二区 4 号楼工程为装配式钢结构工程，建筑面积 $10850m^2$，预制率为 90％；地上混凝土含量 $0.45m^3$/建筑平方米；钢材含量为 113.6kg/建筑平方米（其中钢筋 $42.6kg/m^2$，钢结构 $71kg/m^2$）；建安造价为 2324 元/m^2，其中建筑 2027.9 元/m^2，安装工程 380.8 元/m^2。详细测算如表 5.1 所示。

项目成本测算表　　　　　　　　　　　　　　　　　　　表 5.1

序号	项目名称	单位	小计
1	建筑面积	m^2	10850
2	预制率		90％
2.1	装配量	m^3	3002
2.2	地上混凝土量	m^3	3407
3	总造价		2324
3.1	建筑	元/m^2	2027.9
3.1.1	一次结构	元/m^2	346
3.1.2	装配结构	元/m^2	602
3.1.3	钢结构	元/m^2	544
3.1.4	二次结构及粗装	元/m^2	535.9
3.2	安装	元/m^2	380.8
3.2.1	水	元/m^2	42
3.2.2	暖	元/m^2	97
3.2.3	电	元/m^2	157
	3.1＋3.2 小计		2324

序号	项目名称	单位	小计
4	工程量分析		
4.1	混凝土平方米含量	m³/m²	0.457
4.1.1	现浇混凝土平方米含量	m³/m²	0.207
4.1.2	预制混凝土平方米含量	m³/m²	0.25
4.2	综合用钢平方米含量	kg/m²	113.6
4.2.1	其中:钢筋用量	kg/m²	42.6
4.2.2	钢结构用量	kg/m²	71

为便于比较与同期建设的现浇混凝土结构住宅楼造价进行了对比,该现浇混凝土住宅为浭阳新城项目二区 5 号楼工程,项目概况如下:

该工程为高层住宅,地下两层,地上 30 层,地下一层层高 3.02m,地下二层层高 3.1m,地上一层层高 4.2m,地上二层层高 3.6m,3～30 层层高 2.9m,建筑物总高度 89.3m(室外地面到主要屋面)。

本建筑带有二层商业裙房;一层层高 4.2m,二层层高 3.6m。

结构形式:住宅为剪力墙结构,二层商业为框架结构。

浭阳新城二区 4 号楼与传统现浇结构成本对比表　　　　表 5.2

序号	项目名称	单位	4 号楼装配式钢结构楼	传统现浇住宅楼
			小计	小计
1	建筑面积	m²	10850	30169
2	预制率		90%	
3	总造价		2323.9	1733
3.1	建筑	元/m²	2027.9	1442
3.1.1	一次结构	元/m²	346	857
3.1.2	装配结构	元/m²	602	
3.1.3	钢结构	元/m²	544	
3.1.4	二次结构及粗装	元/m²	535.9	585
3.2	安装	元/m²	296	291
4	工程量分析			
4.1	混凝土平方米含量	m³/m²	0.457	0.46
4.1.1	现浇混凝土平方米含量	m³/m²	0.207	0.46
4.1.2	预制混凝土平方米含量	m³/m²	0.25	
4.2	综合用钢平方米含量	kg/m²	113.6	60
4.2.1	其中:钢筋用量	kg/m²	42.6	60
4.2.2	钢结构用量	kg/m²	71	
5	平方米价差	元/m²	591	
6	总价差	元	6411265	

从表 5.2 可见，溱阳新城二区 4 号楼装配式钢结构住宅与 5 号楼现浇混凝土住宅相比，每平方米造价增加约 591 元/m²。成本增加主要是由于溱阳新城二区 4 号楼装配式钢结构住宅项目同时应用了装配式钢结构和装配式混凝土结构相关技术，其中装配式混凝土部分与现浇结构相比成本增加较多。

4.2 用工分析

具体成本明细详见表 5.3。

成本明细 表 5.3

名称	单位	金额	所占比例
人工费	元/m²	284	12%
材料费	元/m²	1598	69%
机械费	元/m²	125	5%
管理费	元/m²	70	3%
利润	元/m²	45	2%
规费	元/m²	67	3%
税金	元/m²	31	1%
安全文明施工费	元/m²	103	4%
合计：	元/m²	2324	100%

4.3 "四节一环保"分析

梁柱外露降低了钢结构住宅的适用性，是影响钢结构住宅推广应用的重要原因之一。本工程通过采用梁板集成式组合楼盖和外墙与柱一体化技术，解决了梁柱外露以及钢构件防腐防火性能差、费用高的问题，同时为实现户内大空间、户型自由分割建筑布局创造了条件，有利于发挥钢结构轻质、高强度、跨越能力强、易于实现大空间的优势。有力提升了钢结构住宅的市场竞争力。此外，通过将保温、装饰材料和结构构件（梁、柱、支撑等）集成到轻质复合外墙体中，以及连接节点和构造创新，实现了结构、墙体、保温、装饰的一体化集成和装配式、模块化建造，极大提高了建造效率。

装配式钢结构住宅通过工厂化生产提高构配件的质量和生产能力，从而减少现场湿作业，简化现场操作，改善工作条件，有利于施工质量控制，避免了现场施工质量通病的发生，提高住宅质量和性能，降低劳动强度，提高劳动生产率，同时提高住宅建设的质量和效率，降低能源和资源消耗，减少施工现场的工作量，实现工程的"四节一环保"，真正能够达到绿色文明施工的要求，实现住宅建设领域可持续的健康发展。

以钢结构预制化生产、装配式施工的生产方式，以设计标准化、构件部品化、施工机械化为特征，整合设计、生产、施工整个产业链，可缩短工期约 50%，工业化程度高。由于住宅结构钢材强度高，柱断面小；墙体采用较薄的预制轻质墙体，钢结构住宅的有效使用面积比传统形式住宅增加 4%～8%。钢结构住宅的钢材可以实现 100% 回收，实现循环利用，建筑和拆除时对环境污染小，符合住宅产业化和可持续发展的需求，实现"藏钢于屋"，以房屋建筑形式存储大量钢材，以应对资源枯竭危机，符合国家能源战略。钢结构住宅采用新型节能环保的建材，取代传统的黏土砖等落后产品，保护土地资源，降低建筑运行中暖气、空调等运行成本和能耗，保障国民经济的可持续发展。

【专家点评】

国家钢结构工程技术研究中心、中冶装配式钢结构建筑技术研究院主导，中冶建筑研究总院有限公司联合中国二十二冶集团有限公司合作开发了中冶钢构绿建房（MCC Steel House）—新型装配式钢结构住宅建筑体系，该体系基于结构受力体系可分、户型可变和钢与混凝土优势可合的研发理念，具有竖向承重与水平抗侧分离的结构体系、双肢钢管混凝土组合柱、装配式混凝土密肋楼盖、结构—围护—保温一体化技术等一系列创新技术；利用钢梁与楼板一体化集成技术、钢柱与外墙一体化集成技术、支撑与外墙一体化技术等解决了钢结构住宅普遍存在的钢梁钢柱外露影响使用体验、结构防腐防火费用高、涂装与结构使用年限不匹配、墙体装配化程度低等行业共性技术难题；大空间可变户型设计充分发挥了钢结构轻质高强、跨越能力强的优势，相比于混凝土剪力墙住宅形成差异化竞争优势。

中冶钢构绿建房（MCC Steel House）——新型装配式钢结构住宅建筑体系，钢柱布置在外墙周边及分户墙处，户型内部无柱，具有开放式超大空间、SI住宅、高度集成化、钢结构防火防腐一体化等技术优势，并采用BIM信息化技术实现了建筑产品的全生命周期管理。从三维设计、施工模拟到成本控制、进度模拟，真正实现了BIM信息化应用，为开发商掌控成本、承建商把握进度提供了有力的保障。

该新型装配式钢结构住宅建筑体系在浔阳新城二区A-4-6地块商住楼项目4号楼成功进行了示范应用，该示范项目地上22层，地下2层，建筑总高67.4m，建筑面积为10950.45m²，地震设防烈度为8度。

本示范工程采用结构体系采用钢管混凝土框架—钢支撑—预制混凝土剪力墙结构体系，楼板采用装配式叠合空心楼板。结构体系及楼盖体系均有所创新，柱为钢管混凝土双肢柱，截面为200mm×200mm，梁柱连接采用隔板贯通节点。外墙保温、墙体和钢梁整体在工厂预制在一起，实现外墙安装一次性完成，有利于防火并且极大地提高了安装效率。楼板采用预制密肋叠合楼板，预制密肋及底板在工厂生产，安装时又可以当做底模使用，省去大量模板。预制好的底板通过吊装落在钢梁下翼缘，楼板钢筋穿过钢梁腹板，形成混凝土榫，达到钢梁与混凝土的协同工作。密肋叠合楼板的上层板采用现浇，增强楼板整体性。核心筒剪力墙采用预制，上下层墙体钢筋采用套筒连接，楼梯采用预制混凝土楼梯。

在项目实施过程中通过集成化设计、工业化生产、装配化施工、一体化装修，实现了建造方式的升级换代；实现了工程设计、部品部件生产、施工及采购统一管理和深度融合，强化了全过程监管，确保工程质量安全；开启了由"建造房屋"向"制造房屋"的转变。

该新型装配式钢结构住宅建筑体系解决了当前钢结构住宅普遍存在的共性技术难题，具有较大的推广应用价值。

本示范工程所采用的钢管混凝土框架—钢支撑—预制混凝土剪力墙结构体系，在技术方面有较多创新，为进一步完善该体系的结构设计理论与方法，建议应进行深入研究与分析，合理确定框架、钢支撑以及预制混凝土剪力墙三类抗侧力结构在规定水平力作用下，在结构底部承受的地震倾覆力矩占比，明确此类结构保证作为第二道防线的框架具有一定的抗侧力能力，框架剪力调整的原则与方法。

（陈宏 清华大学建筑设计研究院有限公司，副总工程师，教授级高级工程师）

案例编写人：

姓名：侯兆新

单位名称：国家钢结构工程技术研究中心

职务或职称：主任兼总工程师